解密气象

王渝生　主编

中国大百科全书出版社

U0721508

图书在版编目（CIP）数据

解密气象 / 王渝生主编 . -- 北京 : 中国大百科全书出版社，2025. 1. -- ISBN 978-7-5202-1738-5

Ⅰ . P4-49

中国国家版本馆 CIP 数据核字第 20248UH176 号

出 版 人：刘祚臣
责任编辑：张恒丽
责任校对：程忆涵
责任印制：李宝丰
出　　版：中国大百科全书出版社
地　　址：北京市西城区阜成门北大街 17 号
网　　址：http://www.ecph.com.cn
电　　话：010-88390718
图文制作：北京杰瑞腾达科技发展有限公司
印　　刷：唐山富达印务有限公司
字　　数：100 千字
印　　张：8
开　　本：710 毫米 ×1000 毫米　　1/16
版　　次：2025 年 1 月第 1 版
印　　次：2025 年 1 月第 1 次印刷
书　　号：978-7-5202-1738-5
定　　价：48. 00 元

编委会

主　编：王渝生

编　委：（按姓氏音序排列）

程忆涵　杜晓冉　胡春玲　黄佳辉

刘敬微　王　宇　余　会　张恒丽

第一章　话说气象观测

第二章　探寻天气奥秘

第三章　防治大气污染

第一章

话说气象观测

气象观测

气象观测是研究测量和观察地球大气的物理和化学特性以及大气现象的方法和手段的一门学科。测量和观察的内容主要有大气气体成分浓度、气溶胶、温度、湿度、压力、风、大气湍流、蒸发、云、降水、辐射、大气能见度、大气电场、大气电导率以及雷电、虹、晕等。从学科上分，气象观测属于大气科学的一个分支。它包括地面气象观测、高空气象观测、大气遥感探测和气象卫星探测等，有时统称为大气探测。由各种手段组成的气象观测系统，能观测从地面到高层，从局地到全球的大气状态及其变化。

简史

　　大气中发生的各种现象，自古以来就为人们所注意，在中外古籍中都有较丰富的记载。但在 16 世纪以前主要是凭目力观测，除雨量测定（至迟在 15 世纪之前已经出现）外，其他特性的定量观测，则是 17 世纪以后的事。用仪器进行气象

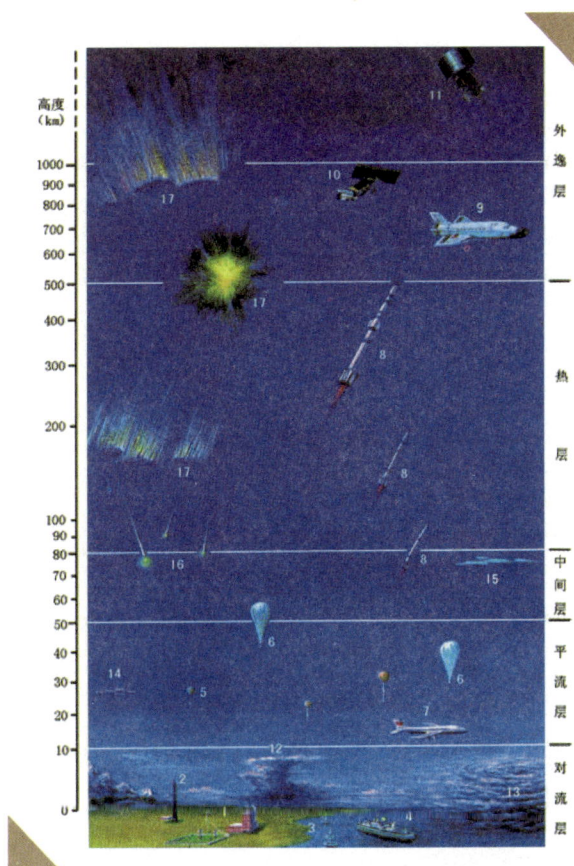

气象观测系统示意图

1 气象观测站　2 气象塔　3 浮标站　4 海洋天气船　5 探空气球　6 高空气球　7 气象飞机　8 气象火箭　9 航天飞机　10 极轨气象卫星　11 地球同步气象卫星　12 积雨云　13 台风　14 珠母云　15 夜光云　16 流星　17 极光

观测，经历了三个重要的发展阶段。16世纪末到20世纪初，是地面气象观测的形成阶段。1597年（有说1593年）意大利物理学家和天文学家伽利略发明空气温度表，1643年E.托里拆利发明气压表。这些仪器以及其他观测仪器的陆续发明，使气象观测由定性描述向定量观测发展，在这阶段发明的气压表、温度表、湿度表、风向风速计、雨量器、蒸发皿、日射表等气象仪器，为逐步组建比较完善的地面气象观测站网和对近地面层气象要素进行日常的系统观测提供了物质基础，并为绘制天气图和气候图，开创近代天气分析和天气预报等的研究和业务提供了定量的科学依据。20世纪20年代末至60年代初，是由地面观测发展到高空观测的阶段。随着无线电技术的发展，出现了无线电探空仪，得以测量各高度大气的温度、湿度、压力、风等气象要素，使气象观测突破了200多年来只能对近地面层大气进行系统测量的局限。到40年代中期，气象火箭把探测高度进一步抬升到100千米左右，同时气象雷达也开始应用于大气探测。这些高空探测技术的发展，使人们对大气三维空间的结构有了真正的了解。60年代初以来，气象观测进入了第三个阶段，即大气遥感探测阶段。它以1960年4月1日美国发射第一颗试验性气象卫星（"泰罗斯"1号）为主要标志。大气遥感不仅扩大了探测的空间范围，增强了探测的连续性，而且更增加了观测内容。一颗地球静止气象卫星可以提供几乎1/5地球范围内每隔10分钟左右的连续气象资料。

观测系统

一个较完整的现代气象观测系统由观测平台、观测仪器和资料处理等部分组成。

观测平台

根据特定要求安装仪器并进行观测工作的基点。地面气象站的观测场、气象塔、船舶、海上浮标和车辆等都属地面气象观测平台，气球、飞机、火箭、卫星和空间实验室等是普遍采用的高空气象观测平台。它们分别装载各种地面的和高空的气象观测仪器。

观测仪器

经过 300 多年的发展，应用于研究和业务的气象观测仪器已有数十种之多，主要包括直接测量和遥感探测两类：前者通过各种类型的感应元件，将直接感应到的大气物理特性和化学特性，转换成机械的、电磁的或其他物理量进行测量，例如气压表、温度表、湿度表等；后者是接收来自不同距离上的大气信号或反射信号，从中反演出大气物理特性和化学特性的空间分布，例如气象雷达、声雷达、激光气象雷达、红外辐射计等。这些仪器广泛应用了力学、热学、电磁学、光学以及机械、电子、半导体、激光、红外和微波等科学技术领域的成果。此外，还有大气化学的痕量分析等手段。气象观测仪器必须满足以下要求：①能够适应各种复杂和恶劣的天气条件，保持性能长期稳定。②能够适应在不同天气气候条件下气象要素变化范围大的特点，具有很高的灵敏度、精确度和比较大的量程。此外，根据观测平台的工作条件，对观测仪器的体积、重量、结构和电源等方面，还有各种特殊要求。

资料处理

现代气象观测系统所获取的气象信息是大量的，要求高速度地分析处理，例如，一颗极轨气象卫星，每 12 小时内就能给出覆盖全球的资料，其水平空间分辨率达 1 千米左右。采用电子计算机等现代自动化技术分析处理资料，是现代气象观测中必不可少的环节。许多现代气象观测系统，都配备了小型或微型处理机，及时分析处理观测资料和实时给出结果。

气象观测网

气象观测网是组合各种气象观测和探测系统而建立起来的。基本上分为两大类：①常规观测网。长期稳定地进行观测，主要为日常天气预报、灾害性天气监测、气候监测等提供资料的观测系统。例如由世界各国的地面气象站（包括常规地面气象站、自动气象站和导航测风站）、海上漂浮（固定浮标、漂移浮标）站、船舶站和研究船、无线电探空站、航线飞机观测、火箭探空站、气象卫星及其接收站等组成的世界天气监视网（WWW），就是一个规模最大的近代全球气象观测网。这个观测网所获得的资料，通过全球通信网络可及时提供各国气象业务单位使用。此外，还有国际臭氧监测网、气候监测站等。②专题观测网。根据特定的研究课题，只在一定时期内开展观测工作的观测系统。例如20世纪70年代实施的全球大气研究计划第一次全球试验（FGGE）、日本的暴雨试验和美国的强风暴试验的观测网，就是为研究中长期大气过程和中小尺度天气系统等的发生发展规律而临时建立的。

组织气象观测网要耗费大量的人力和物力。如何根据实际需要，正确地选择观测项目，恰当地提出对观测仪器的技术要求，合理地确定仪器观测取样的频数和观测系统的空间布局，以取得最佳的观测效果，是一项重要的课题。

作用

气象观测是气象工作和大气科学发展的基础。由于大气现象及其物理过程的变化较快，影响因子复杂，除了大气本身各种尺度运动之间的相互作用外，太阳、海洋和地表状况等，都影响着大气的运动。虽然在一定简化条件下，对大气运动做了不少模拟研究，但组织局地或全球的气象观测网，获取完整准确的观测资料，仍是大气科学理论研究的主要途径。历史上的锋面、气旋、气团和大气长波等重大理论的建立，都是在气象观测提供新资料的基础上实现的。所以，不断引进其他科学领域的新技术成果，革新气象观测系统，是发展大气科学的重要措施。

气象观测记录和依据它编发的气象情报，除了为天气预报提供日常资料外，还通过长期积累和统计，加工成气候资料，为农业、林业、工业、交通、军事、水文、医疗卫生和环境保护等部门进行规划、设计和研究，提供重要的数据。采用大气遥感探测和高速通信传输技术组成的灾害性天气监测网，已经能够及时地直接向用户发布龙卷、强风暴和台风等灾害性天气警报。大气探测技术的发展为减轻或避免自然灾害造成的损失提供了条件。

气象观测站

专门从事气象观测业务的场所。气象观测站的主要工作有：定时进行地面和高空各种气象要素的数据测量，对云和天气现象进行目力的观察判断、资料整理和储存，以及按时编发天气和气候统计资料。

气象观测站按其观测业务内容分为地面气象观测站、自动气象站、高空气象观测站。

地面气象观测站

专指观测近地面气象要素的观测站点，其观测内容非常广泛，包括空气温度、湿度、气压、风向和风速、降水量、蒸发量、能见度、天气现象、土壤温度、日照时数，以及太阳、大气和下垫面各种辐射能分量等。随着新探测元件和方法的出现，观测项目还在不断增加。一些专业化的地面气象观测站还需加测某些专门的内容。

地面气象观测应在专门的观测场地上进行。观测场应设置在能代表本地区大范围气象条件的开阔地点。

地面气象观测站按其任务不同，可分为以下几类：①天气站。主要为天气分析预报工作提供情报的气象站，包括陆地站、海上浮标站及船舶站等。②气候站。主要为气候分析研究积累资料而设的气象站。③专业气象站。由各专业部门根据本身需要而设置的气象站，如农业气象站、林业气象站、水文气象站、海洋气象站、航空气象站等。④专项观测站。根据一些特殊需要设置的站，如辐射观测站、天电观测站、云雾物理观测站、大气本底污染监测站等，这些观测站可以设置在一般气象站内，也可以单独设置。

自动气象站

由微处理机或计算机控制，自动测量多种气象要素，并使用有线或无线通信方式，将观测记录发送出去的地面气象观测站，又称遥测气象站。

自动气象站包括探测元件或探头、数据采集系统、通信联络系统、主控微处理机或计算机以及电源五大部分，有些自动气象站还包括报警系统以及语音播报设施。此外还应设有可靠的避雷设施和电源设备。

高空气象观测站

专指进行近地面以上，二三十千米以下高空气象要素测量的站点。世界上有多种高空观测系统，站网中经常定期观测的称常规高空观测系统，以无线电探空仪为主要手段，以高空温、压、湿、风为主要探测对象。

各国所用无线电探空系统有所差别，其测试元件、发送信号的调制方式、射频频率和测风体制均有所不同。近来探空系统多向电测元件、数字调频方式过渡。测风方式主要有无线电经纬仪、一次雷达、二次雷达和导航测风系统以及正在迅速发展的 GPS 卫星定位系统。

气温观测

气温是表示空气冷热程度的物理量。气温的高低在微观上反映了空气分子不规则运动的平均动能大小。常采用摄氏温标（℃）表示，也有的采用绝对温标（TK）和华氏温标（℉）表示。地面气温常指地表面以上 1.25 ～ 2.0 米某一高度的空气温度。中国地面气温的观测高度规定为 1.5 米。

温度表

气象上用来测量空气、土壤和水体温度的仪器。常用的测温仪器有玻璃管液体温度表、金属电阻温度表、热敏电阻温度表和热电偶温度表等。

玻璃管液体温度表

利用水银或酒精的热胀冷缩特性制成的测定温度的仪

器。气象上常用的有水银温度表和酒精温度表。水银温度表的感应部分是一个充满水银的玻璃球部，它与玻璃毛细管相连，毛细管的另一端密封。温度变化时引起热胀冷缩，毛细管内的水银柱会随着上升（下降）。温度标尺一般都刻在白瓷片上，贴在薄壁的毛细管后面，然后在外面用玻璃套管保护。酒精温度表采用酒精作为测温物质。酒精的冻结点很低（-117℃），故适用于低温条件下测温。

最高温度表的构造与一般温度表不同，类同于体温表。当温度升高时，感应部分水银体积膨胀，挤入毛细管，而温度下降时，由于水银球部与毛细管间的通道狭窄，毛细管内的水银不能缩回感应部分，因而能指示出自前次调整后该段时间内的最高温度。

最低温度表中的感应液体是酒精，它的毛细管内有一个如哑铃形的游标，当温度下降酒精柱相应下降时，由于酒精柱顶端表面张力作用带动游标下降；而当温度上升时，膨胀的酒精经过游标四周缓慢地溢出，游标则仍停在原来位置上，因此它能指示自前次调整最低温度指标以来该段时间内的最低温度。

金属电阻温度表

利用金属电阻随温度变化的原理制成的温度表。常用的金属丝有铂、镍和铜。由于金属铂的物理、化学性能稳定，用它制成的铂电阻温度表性能良好，因此被广泛地应用于温度的遥测。

热敏电阻温度表

测温热敏电阻的原料是某些金属氧化物的混合物，例如氧化镁、氧化铜、氧化钴和氧化铁的混合物，在 $800 \sim 900℃$ 的高温下烧结而成。其阻值可达几十千欧。热敏电阻的温度系数大，温度的灵敏度也大，使得测量电路比较简单，灵敏度高于金属电阻温度表，被广泛用于遥测。

热电偶温度表

热电偶又称温差电偶。两种不同成分的金属导体连接在一起，形成一个闭合回路。当两个接点的温度不同时，在回路中就会产生热电动势，其大小与温差成正比。利用热电偶的这种特性可制成测定温度的仪器，即热电偶温度表。常见的有铂 - 铂铑热电偶、铜 - 铜热电偶、铁 - 铜热电偶等。热电偶温度表常用于梯度观测及空气、土壤和水温的测定。

湿度观测

空气湿度是表示空气中水汽含量的多少或空气潮湿程度的物理量，简称湿度。

湿度表

测量空气中的水汽含量的仪器。常用的测湿方法及其仪器有：热力学方法，如干湿球湿度表；降温冷却凝结方法，如露点仪；利用吸收或吸附水汽引起吸湿元件的电阻、电容变化的方法，如碳膜湿度片、湿敏电容等。

干湿球湿度表

由两支温度表构成，两支温度表球部大小和形状一样。一支温度表的球部包扎着纱布，用蒸馏水湿润后，所指示的温度为湿球温度 t_w，称湿球温度表；另一支温度表用来测量

空气温度 t，称为干球温度表。

由于蒸发，湿球表面不断地消耗蒸发潜热，使湿球温度下降；与此同时由于气温与湿球的温差使四周空气与湿球产生对流热交换，在稳定平衡的条件下，蒸发支出的热量将等于与四周空气热交换得到的热量。根据干湿球温度表读数，可计算出空气湿度。

露点仪

直接测量大气露点温度的仪器。传感器包括一个直径很小的（10毫米左右）薄金属镜面，以及嵌在镜片背面的测温元件，由冷却装置和加热器进行镜面的温度调节。待测湿度的空气样本由气泵打入。当冷却系统使镜面温度达到露点以下时，水汽在镜面上产生凝结，因而可在某个角度上由光检测器测出较强的散射光，该光检测器通过一个伺服控制系统调节加热组件使温度上升，镜面上的凝结现象消失，光检测器将无法测出散射光强，伺服控制系统将启动冷却系统使镜面温度再度下降，因而使镜面温度始终保持在露点温度上下，露点温度测量准确度可达 0.05 ～ 0.2℃。

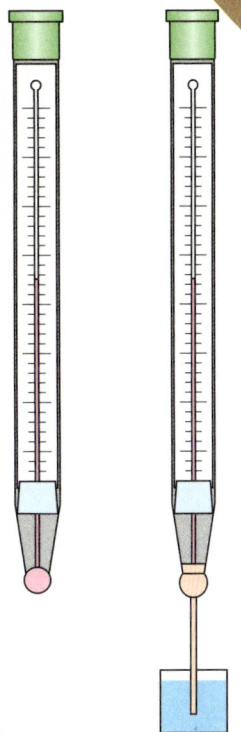

干湿球湿度表

碳膜湿度片

元件用溶胀性较好的高分子聚合物为感湿材料，加上导电材料炭黑，以及分散剂凝胶配制成胶状液体浸渍到聚苯乙烯片基上。

高分子聚合物吸湿后膨胀，使悬浮于其中的碳粒子接触概率减小，元件的电阻增大；反之，当湿度降低时，聚合物脱水收缩，使碳粒子相互的接触概率增加，元件的电阻值减小。通过测量元件的电阻值可以确定空气的相对湿度。

湿敏电容

一种用于自动测量大气相对湿度的传感器。

湿敏电容测湿的感应器是用有机高分子膜做介质的一种小型电容器。湿敏电容器基板是玻璃，上电极是一层多孔金膜，能透过水汽；下电极为一对刀状或梳状电极。作为吸湿层介质的有机高分子膜的厚度为1微米。当感应器置于大气中时，大气中水汽透过

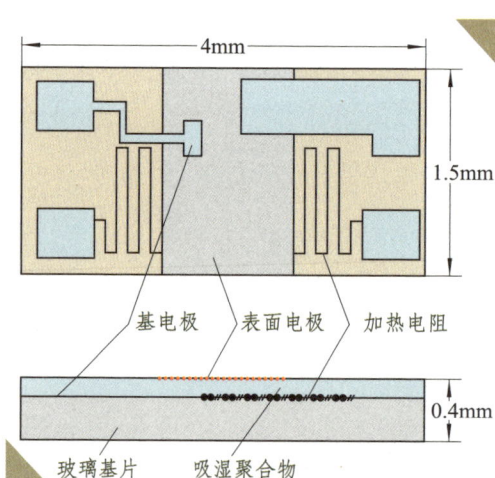

基电极　表面电极　加热电阻

玻璃基片　吸湿聚合物

湿敏电容
（图片中关于厘米、毫米的
表述均用 cm、mm 代替）

4mm

1.5mm

0.4mm

上电极进入介电层，介电层吸收水汽后，介电常数发生变化，导致电容量发生变化。适当的电子线路可使输出信号与相对湿度成正比，响应非常迅速且线性度良好。

百叶箱

气象台站上用以安装测定空气温度和湿度仪器的防辐射装置。

由于受太阳直接辐射、地面反射辐射，以及其他各种类型的天空和地面辐射的影响，测温元件的指示温度与实际气温存在差别。在白天强日射的情况下，将使元件温度高于气温，导致较大的辐射误差；夜间温度表的有效发射大于空气，将使元件温度低于气温。减小辐射误差是气温观测中的关键问题。

中国气象业务上使用的百叶箱构造如下图所示。箱的四周由双层百叶窗组成，叶板与水平面成45°倾角，箱顶和箱

百叶箱示意图

底都由三块宽110毫米的木板组成，中间一块与边上两块在高度上错开，使空气能通过错缝流通，箱顶上方还有一块向后倾斜的屋顶。整个箱子涂上白漆，以使箱内仪器免受太阳光直接照射和降水、强风的影响。

中国气象台站使用的百叶箱一套两个：较大的一个高612毫米、宽460毫米、深460毫米，用于安放温度、湿度自记仪器；小的百叶箱高537毫米、宽460毫米、深290毫米，用于安放干湿球温度表和最高、最低温度表，以及毛发湿度表。百叶箱安装在高度为1.25米的架子上，箱门朝正北，箱底保持水平。

中国还设计出使用玻璃钢材料制作的百叶箱，这种百叶箱的结构和几何尺寸，与现用木制百叶箱相近，实验表明，它有更好的防辐射功能，在自动气象站中采用。

气压观测

　　气象学中，把静止大气的压强定义为从观测高度到大气上界单位截面积上的铅直大气柱的重量。气压的大小同海拔高度、空气温度和密度有关，一般随高度升高按指数律递减。实际气压的形成是整个铅直大气柱中的分子运动与地球重力共同作用的结果。

　　从气体分子动力学观点考虑，气压就是大量分子在每一瞬间平均对单位截面积所施加的冲量在宏观上的表观。对某个小范围来说，周围空气分子的作用，犹如无形的器壁，某一截面上的压力仍然是众多分子对它撞击的力的合成，因此同一高度空气的各个方向的压强是相同的。在国际单位制中，压强单位为帕（Pa），1 帕＝1 牛顿／米^2。

　　当前气象和航空上采用的气压单位为百帕（hPa）。在平均海平面上，温度为 0℃，标准重力加速度为 9.80665 米／

秒²时，定义760毫米铅直水银柱的压强为标准大气压 p_0＝
101325帕＝1013.25百帕。过去曾用毫巴（mb）作为气压单
位，现已废止，但国际上有些出版物还有引用，它与百帕在
数值上相等。另外，1毫米水银柱＝4/3百帕。

气压表

用来测量大气压强的仪器。常用的有水银气压表、空盒
气压表、硅单晶气压表和振筒气压表等。

水银气压表

将一根管顶抽真空的
玻璃管插入水银槽内，就
可形成一个最简单的气压
表。由于大气压的作用，
槽内水银柱将维持一定的
高度。水银柱对水银槽表
面产生的压强与作用于槽
面的大气压强相平衡。如
果在其近旁铅直竖立一支
标尺，标尺的零点取在水
银槽表面，就可直接读得
水银柱的高度值，并可求

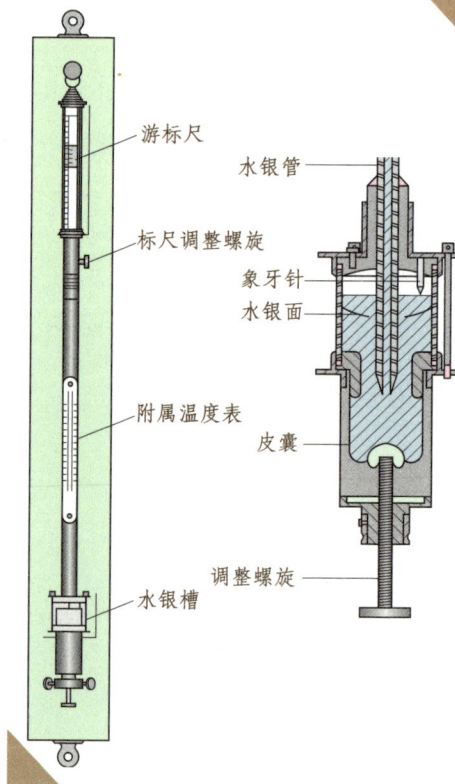

游标尺

标尺调整螺旋

附属温度表

水银槽

水银管

象牙针
水银面

皮囊

调整螺旋

福丁式水银气压表

得大气压强。上图所示为 1810 年法国 J. 福丁发明的福丁式水银气压表。水银气压表测量精度较高，性能稳定，常作为标准气压表。

空盒气压表

具有便于携带、使用方便、维护容易等优点。它的感应元件是一组具有弹性的薄片所构成的扁圆空盒，盒内抽成真空或残留少量空气。盒的表面有

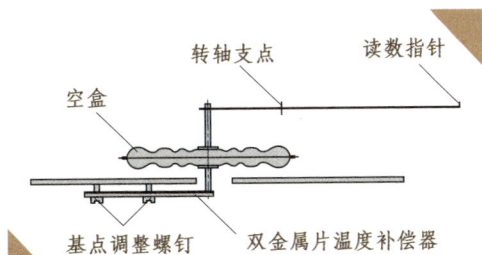

空盒气压表

波纹状的压纹，使气压变化只对空盒产生垂直方向的应变位移。将空盒的底部固定，顶部可自由移动，用以操纵指示读数的机械系统。

硅单晶气压表

比较简单的硅单晶气压表为电容式硅单晶空盒，把一片硅单晶薄膜放置在一个浅玻璃容器上，玻璃容器底部与硅单晶薄

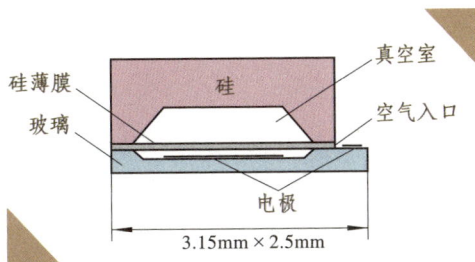

硅单晶气压表

片下方的表面真空喷镀上金属薄膜，形成一对电容极板，金

属硅单晶薄片上方扣上硅单晶腔体，腔体内抽成真空，而玻璃腔体则与大气相通。通过测量电容量的变化换算大气压强的变化。

振筒气压表

其传感器为一个具有弹性的振动圆筒，圆筒内腔抽成真空。大气压强对外筒壁的作用使其振动频率随压力的变化而变化，测定其振动频率即可推算出大气压强。振筒气压表的测量准确度略低于水银气压表。

风观测

风是空气相对于地表面的水平运动。常用风向和风速表示。

气象上风向指风的来向。地面风向常以 16 个方位或 360° 来表示，每个方位占有 22.5°，高空风向用角度表示，以正北为基准（0°），按顺时针方向旋转，依次为东风

（90°）、南风（180°）、西风（270°）。航空中的航行风向，由风袋测量风向，指的是风的去向，与上述风向正好相反（差180°）。

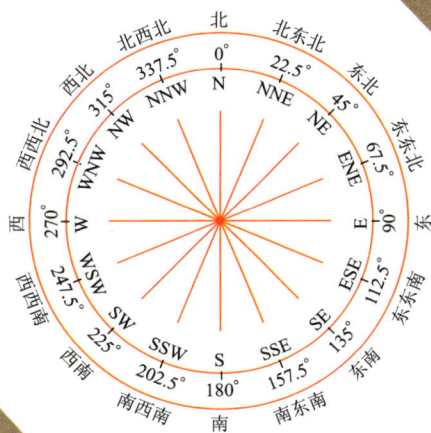

风向的 16 个方位

风速指单位时间内空气移动的水平距离，常以米/秒、千米/时和海里/时为单位。风速大小常用风力等级表示，最早由英国人 F.蒲福提出，目前国际上仍采用由蒲福当年按近海岸海面和渔船征象及陆地地物征象划分风力等级演变而来的风力等级分级标准。根据陆地地物征象目测风力等级，并可按表确定相应风速范围。

风速表

测量气流运行速度的仪器。常用的有风杯风速计、风车风速计和超声风速计。

风杯风速计

风速传感器常采用三杯或四杯式感应元件，杯形多为抛物锥形或半球形的空心杯壳，固定在互成 120° 或 90° 的支架上，杯的凹面顺着一个方向排列，整个横臂架固定在一根垂直的旋转架上。在稳定的风向作用下，风杯受到扭力矩作用而开始旋转，它的转速与风速成正比关系。

风车风速计

风车风速计的感应元件是一个由三到四块螺旋桨叶片组成的风扇。但与风杯感应器不同，其旋转平面垂直于水平风矢量，因而其旋转风扇必须安装在风向标系统的前端，使其不断对准风的来向。它的转速也与风速成正比关系。

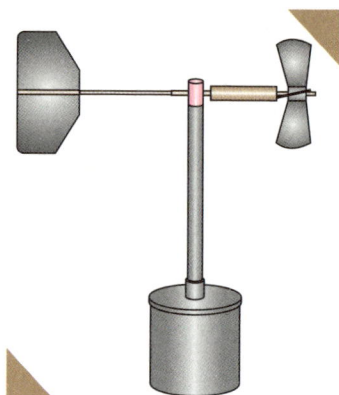

风车风速计

超声风速计

利用声波传播速度受气流影响而变化的原理，测量气流运行速度的仪器。声学测风常采用超声波技术，可消除外来噪声的影响，并获得较强的方向性。

将一对声波发射和接收元件置于气流中，先由某一发射探头向一定距离外的另一接收探头发射声波，然后将两

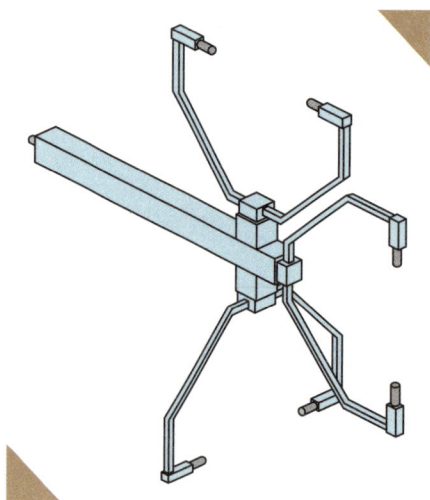

超声风速计

个探头的发射、接收功能对调，实施声波的反向传输，测出两个方向声波传输的时间 t_1 和 t_2，通过适当的电子线路得到 $t_1 + t_2$ 和 $t_1 - t_2$ 的数值，可计算出静止空气的声速，以及在超声波传播方向的风速分量。

超声风速计的三对探头分别固定在一个 xyz 三个坐标轴向支架上，分别测出 xyz 三个方向的风速分量。

风向标

指示风向的测量仪器。其构造主要分为四部分。

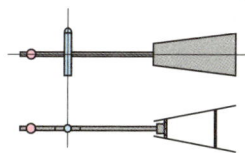

双尾型

风尾

感受风力的部件，在风力的作用下产生旋转力矩，使指向杆——风尾轴线不断调整取向，与风向保持一致。

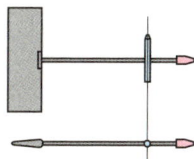

机翼型

指向杆

指向风的来向。

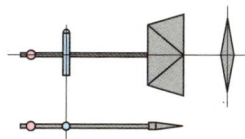

菱型

平衡重锤

装置在指向杆上，使整个风向标对支点（旋转主轴）保持重力矩

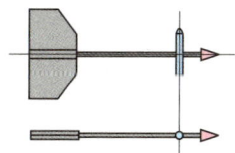

单尾型

四种常见的风向标

33

平衡。

旋转主轴

风向标的转动中心，并通过它带动一些传感元件，把风向标指示的度数传送到室内的指示仪表上。

为了使风向标能准确地反映不断变化的风向，以及各地气象站风向资料间具有可比性，世界气象组织要求风向标有如下特性：①在风速为 5 米 / 秒时，其时间常数为 1 秒。②阻尼比大于 0.3，小于 1.0。③风速范围为 0.5 ～ 60 米 / 秒。④分辨率为 ±3°。

阻尼比太大，则风向标对于风向变化的响应太慢；但阻尼比太小，则风向标会在应指示风向的位置上长时间振荡。

云观测

云是悬浮在大气中由大量细微水滴或冰晶组成的可见聚

合体。它通常不接触地面，接地时则称为雾。云是湿空气在上升运动中膨胀冷却生成的，膨胀冷却使空气中的水汽达到饱和，即在凝结核上凝结出水滴，称为云滴。温度低于0℃的云，通常由过冷水滴和冰晶组成。

云常年覆盖着地球一半的面积，对地球-大气系统的辐射传输过程影响极大。云将地表蒸发到大气中的水分转化为降水，为地球表面提供新鲜水源；云以释放潜热形式向大气输送热量，从而云成为地球-大气系统的动量、热量、水分传输和平衡的关键因素。因此，凡是涉及大气状态变化和影响天气气候行为或者预报未来天气就不能不研究自然云这一重大问题。云也是航空运输的重大障碍，它对飞机起飞、着陆与航行影响极大。对流云中强烈的气流扰动会使飞机发生颠簸，飞机穿过过冷却云中会产生积冰，从而使飞机载荷过重，影响飞机的空气动力性能。积雨云中的雷电会给飞机带来极大的危险。

云的分类

云的外观千姿百态，将各种云进行科学分类，是正确记录和进一步研究其过程所必不可少的基础工作。根据形态，云可粗略分成积状云和层状云两类。积状云是因空气对流而形成的铅直发展的云；层状云是大范围空气辐合而缓慢抬升，形成水平延伸且均匀成层的云。根据温度特征，云可分为暖云和冷云。云体温度都高于 0℃的云，称为暖云；云体温度都低于 0℃的云，称为冷云。根据微结构，云还可分为水云、冰云或混合云。完全由水滴组成的云，称为水云；完全由冰晶组成的云，称为冰云；由水滴和冰晶共同组成的云，称为混合云。气象台站的实际观测工作中一般均采用国际云分类法，国际分类法是根据云的形成高度并结合云的形态，将云分成高云、中云、低云、直展云四族和卷云、卷积云、卷层云、高积云、高层云、雨层云、层积云、层云、积云、积雨云十属。

卷云为孤立的、白色纤细丝缕状云，或白色碎片云，或窄细的云带。这类云或有纤维状的外形，或有丝绸样的光泽，或二者兼而有之。卷积云为薄的、无阴影的白色碎云块、云片或云层，带有纹理或波浪形结构。卷层云为透明的、白色的、纤维状或外形光滑，覆盖整个天空或部分天空的云。高积云为白色、灰色或灰白色的碎云块、云片或云层，一般带有阴影，由薄片云和圆云块组成，有时部分带有纤维状。高层云为成层的、纤维状的，或均匀的灰色云片或云层，或暗蓝色的云片或云层，覆盖整个天空或部分天空，云中有些部分很薄，至少能模糊地显现出太阳的轮廓，就好像透过毛玻璃似的。雨层云为灰色或暗灰色的云层，云层厚而浓密，完全遮住太阳，雨层云下常常有低的碎云飘浮，多数情况下有降雨或降雪发生。层积云为灰色或灰白色的碎块云、云片或云层，其中总有一些部分是暗的。层云一般是灰色的云，云

毛卷云

卷积云

卷层云

高积云

雨层云

层积云

积云

积雨云

底相当均匀，会产生毛毛雨或冰雪粒子。如果透过云层见到太阳，其外形轮廓清晰可辨，有时层云外形有些像碎云块。积云为孤立的云块，一般结构紧密，轮廓分明，垂直外形像圆丘或宝塔，上部隆起部分常常像花椰菜。积云云底比较暗并接近水平，有时积云是支离破碎的。积雨云为浓密深厚的云，外形像山峰或巨塔，积雨云的上部至少有部分是光滑的、有纤维状或层状的，并且几乎总是扁平地向外延展。这类云的底部一般很暗，常常有低碎云和降水。

除上述各主要云型外，还有贝母云和夜光云两类特殊的云，它们都常见于高纬度地区。贝母云又称珠母云，距地面高度 20 ～ 30 千米，云层有珍珠般的色泽。夜光云距地面高度 75 ～ 90 千米，出现在黄昏后的夜空，云薄而有银色光泽。

云的微结构

云滴大小、浓度和含水量是云最重要的微结构特征。在云体的不同部位，云发展生命期的不同阶段，以及不同地域和不同类型的云，云滴大小、浓度和含水量均有较大差异。云滴半径为几微米至 100 微米。单位体积中云滴的数量称为云滴浓度，一般为 10 ～ 10^3 个／厘米^3。云滴含水量一般为 10^{-1} ～ 1 克／米^3，积雨云则可达 1 ～ 10 克／米^3。在大陆性气团中，云滴平均半径小而浓度大；在海洋性气团中，云滴平均半径大而浓度小。云中除云滴外，还有半径大于 100 微米的水滴，它们实际上是未降离云体的雨滴。混合相云中液态粒子和固态粒子是共存的，固态粒子一般根据大小和形状，分为冰晶、雪、霰和雹。云中固态粒子的形状、大小、浓度和含水量，因生长的气象条件和云中的微物理过程而异。云中冰晶的浓度从每升不足一个至每升几百个，变化范围很大。

云物理学是研究云和降水生成和演变物理过程的科学。它是大气科学的一个分支，有云动力学和云微物理学两个组成部分。云动力学，是以大气热力学和大气动力学为基础，将云作为一个整体，研究其生成和演变的热力 - 动力过程；云微物理学，是以大气热力学和物理化学为基础，从微观角度研究云和降水粒子的生成和演变。两者密切关联，相互作用。

降水

从云雾中降落到地面的液态水或固态水，如雨、雪、雹、霰等。通常地面水汽凝结物，如露、霜、雾凇和雨凇等也都统计在降水量之内。降水是人类生活所需水分最主要

松花江畔雾凇风光

的来源。降水通常视其持续时间与强度而分成连续性降水、阵性降水和毛毛雨三类。

连续性降水通常具有持续的性质,雨量中等,经常与暖锋或静止锋相关联,降水质点多系中等大小的雨滴或雪花。阵性降水的特点是强度大、持续时间短,骤然开始,又骤然停止,且局地性很强。阵性降水可能产生在不稳定气团内部,也可起源于锋面(在冷锋上经常有发展旺盛的对流云)。阵性降水质点一般较连续性降水质点大。毛毛雨通常由大量的细小雨滴或极小的雪花组成,降水强度不超过0.25毫米/时。这种降水主要形成于稳定气团内部。根据形态和相态,降水又分为液态降水(降雨)和固态降水(降雪、降霰和降雹)。

降水量是重要的天气和气候要素之一。降水量的不均匀会严重影响人类经济活动,特别是农业生产。降水的地理分布决定于各种各样的大气过程和地方特点。一般来说,在有上升运动的那些地区,例如气旋、低压、台风和大气锋面活动区,降水特别多。如果其他条件相同,那么,在有暖湿气流流入的那些地区(如辐合带),降水强度最大,降水量也很多。此外地形对降水分布影响也是十分显著的,山区降水较平原多。降水的特性主要决定于上升气流、水汽供应和云的微物理特征,其中尤以上升气流最为重要。

降水量

一定时段内自天空下降和在地面凝结的水汽凝结物未经流失、渗透和蒸发时在水平面上积累的水层厚度。以毫米为单位表示。测定降水量的仪器有雨量器和雨量计等。

降水量的多少，主要取决于大气中水汽的含量与气流上升动力的强弱，还受纬度、环流、海陆、地形和洋流等制约。空中水汽含量越丰富，空气上升运动越强，降水量越大。

降水量的差异可导致不同的自然景观和农业生产类型。在中国，年降水量大于1000毫米的湿润地区适于栽培水稻；年降水量400～1000毫米的半湿润地区主要是旱作农业区；年降水量250～400毫米的半干旱地区为半农半牧区；年降水量小于250毫米的干旱地区，以畜牧业为主，种植业只能在灌溉条件下进行。

中国年降水量分布，大体从东南向西北递减，沿海多于内陆，山地多于平原，迎风坡多于背风坡。受季风强弱、来临迟早和持续时间长短的影响，年际变化大，从而影响农业生产的稳定性。

单位时间内的降水量称为降水强度。降水强度大则径流加大，易引起洪、涝灾害，并加重水土流失或破坏土壤结构，还常导致作物倒伏与花、果、籽粒脱落。降水强度太小，往往不能满足作物对水分的需求。

雨量器

测定降水量、降水时数和降水强度的仪器。降水量是指从天空降落到地面的液态或固态（经融化后）的水在水平面上积累的深度，以毫米为单位，取一位小数。气象学上通常使用年、月、日、12 小时、6 小时甚至 1 小时的总降水量。降水时数是指降水实际持续时间。降水强度是指单位时间的降水量，通常测定 10 分钟与 1 小时内最大降水量。降水测量的主要仪器如下。

雨量筒

观测降水量的仪器。它由雨量筒与雨量杯组成。雨量筒用来承接降水，它包括承水器、储水瓶和外筒。中国采用直径为 20 厘米正圆形承水器，其口缘镶有内直外斜刀刃形的铜圈，以防雨水溅失和筒口变形。外筒内放储水瓶，以收集雨水。雨量杯为一个特制的有刻度的量杯，其口径和刻度与雨量筒口径成一定比例关系，量杯有 100 分度，每 1 分度等于雨量筒内水深 0.1 毫米。

雨量筒处在一定风速（u）的流场内，由于绕流作用，将在其口缘的上方产生局地的上升气流，导致一些微小的雨滴和多数的雪花的降落轨迹受其影响，最终导致承水器接受的降水量偏低。可加建防风地坑减小这种影响。

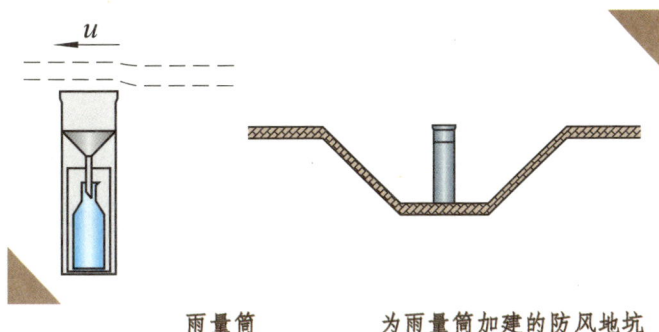

雨量筒　　　　　　为雨量筒加建的防风地坑

虹吸式雨量计

用来连续记录液体降水的仪器。它由承水器（通常口径为20厘米）、浮子、自记钟和外壳组成。有降水时，降水从承水器经漏斗、进水管引入浮子室。降水使浮子上升，带动自记笔在钟筒自记纸上

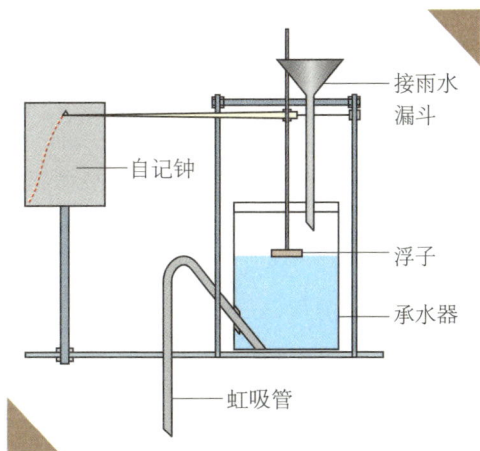

虹吸式雨量计

画出记录曲线。当自记笔尖升到自记纸刻度的上端（一般为10毫米）时，浮子室内的水恰好上升到虹吸管顶端。虹吸管开始迅速排水，使自记笔尖回落到刻度"0"线，又重新开始记录。

翻斗式雨量计

用来遥测并连续记录液体降水量的仪器。由感应器、记

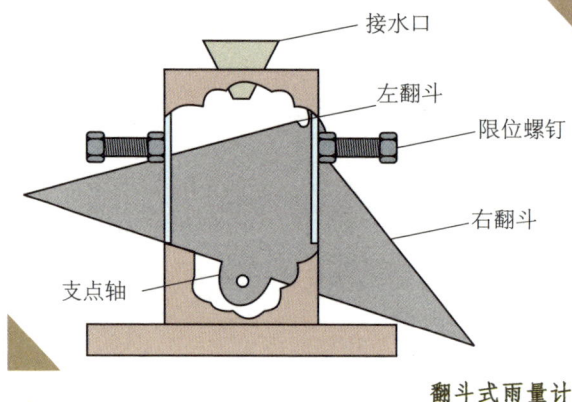

翻斗式雨量计

录器和电源三部分组成。感应器装在室外，主要由承雨器（常用口径为 20 厘米）和翻斗系统构成。记录器在室内，由计数器、自记部分、控制线路板等构成。二者用导线连接。

雨量计的核心是一对三角形的承雨翻斗，其中的一个翻斗先对准接水漏斗口，当翻斗盛满雨水后，重心的失衡使翻斗倾覆，将雨水倒出；与此同时，另一个翻斗对准接水漏斗口承接雨水。由翻斗交替次数和时间的记录可得降水资料。翻斗容量有 0.1 毫米、0.25 毫米和 1.0 毫米三种规格。

雪量计

测量降雪水当量的仪器。降雪水当量指降雪中所含的液体水的深度，以毫米为单位。冬季降雪时，将雨量筒上的承雨器与储水瓶取下，换上承雪器。降雪直接降落在雨量筒内。每次观测时直接称其扣除筒重的降水重量，然后换成毫米降水量，或将其融化后用雨量杯量取。

大气能见度

视力正常的人能从背景（天空或地面）中识别出具有一定大小的目标物的最大距离。又称气象视程。以千米或米为单位。按观测者与目标物所在高度和相对位置，大气能见度可分为水平能见度、斜视能见度和铅直能见度。

气象观测中的能见度一般指水平能见度，即水平方向上的有效能见度。有效能见度是指四周视野中一半以上范围都能看到的最大水平距离。航空部门也常用斜视能见度和铅直能见度。能见度的好坏取决于观测者与目标物之间的大气透明度（它随大气及其所含杂质对光的散射和吸收的强弱而变化）、目标物和它所投影的背景面上的视亮度对比以及观测者的视觉感应能力。能见度目标物要分布在各个方向、不同距离上。白天应尽可能选以天空等为背景的大小适度的目标物。把勉强可见的目标物的距离（可利用地图等测定）作为能见度。夜间，则观测一定强度的灯光的能见距离，折算出相当于白天的能见度。能见度在交通运输、航空、航海、军事活动、大气污染和大气物理研究中应用广泛。

自动浮标气象站

一般指在海洋上的锚定浮标式自动气象观测站。它和陆上的自动气象站的功能相似，可以定点、连续、长期地进行海面上的气象要素自动观测。此外，它还兼有自动观测海况、海温、海流和水质的功能。它是将装载整套自动观测设备的浮标（平台）锚定在海中的固定位置上，由电子线路自动控制，定时观测，再将观测资料转成脉冲信号，通过有线、无线或卫星通信等方式发送给陆地接收站，为天气预报、海洋环境预报、灾害预（警）报以及海洋开发、海洋工程建设服务。

美国在20世纪60年代发展了锚定浮标式自动气象观

测站，至今有近百个站在海上进行自动观测。日本自 1973 年开始正式使用锚定浮标式自动气象观测站进行常规海洋气象观测，其中参加全球通信系统（GTS）的有浮标 1 号（28.1°N，126.3°E）、2 号（37.9°N，134.5°E）和 4 号（29.0°N，135.0°E）等。日本的这种浮标站的结构为：直径 10 米的圆盘浮于海面，圆盘之上竖立桅杆，将干、湿球温度表和风向表、风速表、辐射计的探头固定于离海面 7.5 米高的桅杆上，将气压表、测波仪（测定海浪的周期和波高）置于靠近海面的圆盘之内，在水中的电缆上离海面 1 米、50 米和 100 米处安装海水温度计，浮标重约 50 吨，可经受平均风速 40 米 / 秒的风暴、有效波高 7 米的狂涛、流速 10 千米 / 时的强流的袭击而完好无损地正常工作。目前全世界约有 300 个浮标站在位工作。

中国自 20 世纪 70 年代开始自动浮标气象站的研制，80 年代末投入业务运行，并已在渤海、黄海、东海和南海多个站位相继布放不同类型的自动浮标气象站。使用的主要是中国制造的 II 型自动浮标站。该浮标站直径 10 米、全锚链、单点系泊，适用于水深 200 米以内海域。可以测量平均风速、风向、最大风速、极大风速、气压、气温、海洋表层水温、波浪高度和周期、海洋表层及深层海流流速、流向等海洋水文气象参数，还可以提供浮标的方位、舱温、浮标舱门开启、浮标进水等浮标状态监测信息数据。在海上连续工作时间可

布设在黄海海域的
自动浮标气象站

以长达 2～3 年，实时观测的接收率在 95％以上。它的数据采集和控制部分广泛使用了先进的 PC 技术，可靠性高、环境适应性强；浮标的数据通信采用了 Inmarsat-C/GPS 卫星通信定位通信系统；数据存储采用 PCMCIA 存储卡；使用了国际上优良的气象和海洋传感器，并采用声学多普勒海流计（ADCP）进行表层和多层海洋流速、流向测量；同时还设计了主 / 备传感器切换、测量时次调整、数据重发、浮标动态显示等遥控功能；工作电源使用太阳能电池和蓄电池混合电源。陆地接收岸站由计算机系统、Inmarsat-C 卫星通信接收机和工作电源构成，通过遥控指令的发送，实现对 Ⅱ 型自动浮标站发送数据的接收、处理和转发，以及对浮标存储数据回收后的处理。

用在大洋上自动采集海洋气象资料的浮标，除锚定浮标外，还有一种随海流漂移的漂流浮标，它一边自动定位，一边自动采集海洋气象环境信息，并及时向接收站发送。这是一种一次性仪器，功能比较单一，多用于科学研究。

第二章

探寻天气奥秘

大气遥感

探测器不与某处被测大气直接接触，在一定距离之外测定其物理状态、化学成分及其时空分布的方法和技术。测雨雷达、风廓线仪和气象卫星均是利用大气遥感技术探测大气状态的典型设备。

电磁波（包括紫外线、可见光、红外线、微波）、声波和某些力学波在大气中传播时，要与大气发生相互作用，从而产生折射、散射、吸收和频散等现象。以应用最广泛的电磁波为例，不同波长的电磁辐射与不同成分和不同状态的大气的作用是不相同的。因此，在透射、散射、反射或折射的电磁辐射的频谱、相位、振幅和偏振度等物理量中就包含了大气成分含量和大气状态的信息。研究接收这些特征物理量的方法和技术，制造遥感探测器，并从这些特征物理量中反推出大气的成分和状态是大气遥感研究的基本任务。如果遥感探测器仅接收经过大气的反射、散射的太阳辐射和地球大气发射的红外辐射称为被动遥感，又称无源遥感。如果遥感探测器接收的是人工发射的电磁辐射经探测目标反射、散射或折射的辐射则称为主动遥感，又称有源遥感。

电离层探测

用实地或遥感测量的方法，获得电离层物理参量及其变化规律的工作。电离层探测的物理量主要包括电子密度、电子温度、离子温度、离子成分、离子的速度分布及电荷状态、电子与离子的漂移速度、空间电场和磁场以及等离子体波等。

从探测仪器相对于探测对象的位置来看，可将探测方法划分为实地测量和遥感测量。实地测量主要有探针方法和各种粒子谱仪方法。遥感测量有被动遥感和主动遥感两种方式：被动遥感是通过测量远处等离子体发出的各种电磁辐射来推导等离子体参数；主动遥感是在卫星或在地面发射适当频率的无线电波，由电离层对电波的反射、散射、吸收，以及多普勒效应、法拉第效应等来推算电离层参数。

探针方法

探针测量可以获得探针邻近区域的等离子体电子密度、离子密度、电子温度以及等离子体空间电位等参量；特殊安排的探针，还可得出等离子体振荡、流动、漂移和扩散过程的信息。将两个探针组合在一起，可用于测量空间电场。早在1924年，美国人 I. 朗缪尔就研究了探针的原理，通常称为朗缪尔探针。常用探针的形状有圆柱形、球形、平板三种。阻滞势分析器（RPA）是在朗缪尔探针的基础上为测量正离子而发展起来的，它在平面探针（或球形探针）的外面加一些栅网，栅网的电位可根据需要变化。一个或多个栅网置正电位以控制进入探测器正离子的能量，而其他栅网置负电位以排斥电子。阻滞势分析器可测量电离层等离子体粒子的能谱。

粒子谱仪

根据仪器的功能，可将粒子谱仪分成方向分析谱仪、能量分析谱仪和质谱仪等类型。根据对粒子记录的方式，还可将粒子谱仪分为成像谱仪和非成像谱仪两类。成像谱仪是一种新型的粒子探测仪器，它使用了二维面阵探测器，可同时获取粒子的像和这些粒子的能谱或质谱的组成，因而是一种"谱像合一"的探测器。成像谱仪近年来得到迅速发展。能量分析谱仪也可以分析粒子的成分和质量，但在对质量分析要求较高的测量中，则需使用专门的质谱仪。常用的质谱仪包括射频质谱仪、四极质谱仪、磁偏转质谱仪和飞行时间质谱仪等。

电离层测高仪

又称垂测仪。其基本原理是测量发射脉冲与回波之间的时延，并依此得到发射高度（虚高）随频率变化的曲线，从而获得电离层电子密度的高度分布。目前的数字测高仪能测量返回无线电波的全部参量，包括群传播时间、幅度、相位、准确的频率（即偏离发射频率的多普勒频移）、入射角、波的偏振以及波前的曲率等。

电波吸收方法

利用电磁波经过电离层的能量损失来获得电离层参量的方法。电离层吸收电磁波能量主要发生在 D 层和 E 层，测量吸收情况可以获得相应高度的碰撞频率、电子温度、离子温度、中性分子密度和电子密度等参数。

色散多普勒方法

在卫星或火箭上由信标机发射两个相干频率的波，由于电离层是一种色散介质，当不同频率的波通过电离层时就引起相位改变。信标信号相位改变通常包括运动效应和介质效应，根据运动效应与频率成正比，而介质效应与频率的平方成反比的特点，可在飞行器上发射两个不同倍数的倍频信号，并在地面接收这两个频率信号，以消去运动效应项，剩下介质效应，即色散效应项。利用这种方法可测量电离层等离子体参数。

法拉第旋转效应法

卫星上发射出来的线偏振波通过电离层时，由于地磁场的存在而分裂为 O 波和 E 波，这两个波的折射指数不同，且随电子密度的变化而变化。电波到达地面接收机时，O 波和 E 波的相位变得不一样。当它们在接受天线处再合成一个线偏振波时，其合成的偏振面于离开卫星时旋转了一个角度，这个效应称为法拉第旋转。某一点偏振面相对于原始偏振面旋转的角度与无线电波路径上的总电子含量成正比。根据这一原理，在地面接收电离层上空的信标机发射信号，测量其偏振面旋转角或它的时间变化率（称为法拉第频率），即可算出电离层中沿传播路径上单位截面的柱体内的总电子含量。

非相干散射雷达方法

根据介电常数的热随机起伏引起电磁波散射的原理，从地面上用大功率雷达探测电离层特性的方法。非相干散射雷达有单站型和多站型。一般单站型有利于电离层垂直分布测量，多站型有利于电离层运动测量。非相干散射雷达系统功率大、耗资多，不可能进行长期连续观测，其天线特点又使它不能同时进行较大区域范围的观测。相干散射雷达观测可弥补这一不足。典型的相干散射雷达是 STARE 雷达。STARE 雷达是一对位于极区两地的雷达，能直接测量高纬电离层 E 层内的电子漂移速度。由于这种雷达可长期连续工作，因而能对不同地磁条件下的对流电场的日变化进行观测。

全球定位系统（GPS）方法

利用双频 GPS 接收机同时接收多颗卫星的信号，所得的原始数据包括 GPS 时间、卫星星历、信号的信噪比、双频电离层差分时延和载波相位差分值，由这些参数可换算出电离层星下点到地球表面垂直距离的电子总含量。

全球定位系统掩星方法

GPS 由 24 颗卫星组成，每颗卫星都不断地发射信号。如果另发射一颗携带 GPS 接收机的低轨（LEO）卫星，当 GPS 卫星信号被大气层遮掩时，信号被电离层折射，电离层电子密度越高，折射越严重。因此，根据信号折射情况就可以推算出电离层电子密度等参数。如果在数据反演中使用无线电全息成像方法，可获得空间分辨率较高的电离层参数，以及电离层三维电子密度分布、D 层和 E 层水平风速的垂直分布和剪切强度。

GPS 系统与低轨卫星星座组合的无线电掩星技术，是在全球迅速发展的高新技术，它具有传统探测方法无法实现的覆盖全球、连续、稳定、时空分辨率高等独特的优点。

飞机气象探测

以飞机作为观测平台进行的非常规特种气象观测。飞机气象观测的主要任务有：①与常规探空仪的探测内容相同，即大气层的温度、湿度、气压和风的探测。②对特种天气，例如对台风进行三维的观测，以及对该天气系统实施巡航。③云雾微物理结构的观测。④特种观测，例如大气边界层结构的研究。一架次的飞行可以只完成上述的一项任务，也可同时综合执行多项任务。

观测使用的飞机多由适当的机型改装而成，可以使用功能较为先进的中型飞机，也可使用轻便、易于操作的轻型单人或双人机。

气象观测飞机最基本的探测设备是飞机气象仪，温度和湿度的探测元件需安装在专门的锥形回流管内，与测风仪器分别安装在专门的支架上，在机头前向外伸出。气压探测元件则安装在机舱之内，由机身的测压孔引入外界的大气压力。在使用露点仪测量湿度时，该仪器也安装在机舱之内，利用气泵将空气吸入进行测量。

对特殊天气系统进行巡航观测是飞机观测最主要的任务，从系统的云系上空对其特征实施目测，进行拍摄，而后在适当的位置施放下投式探空仪，不少情况下还在机尾安装了轻型的 X 波段或 C 波段天气雷达或多普勒雷达。巡航观测能对天气系统的三维结构进行深入的了解。

对云雾微结构的研究必须利用飞机探测。几乎所有的云雾探测仪器都需要考虑适应飞机观测的技术要求。

无线电探空仪

能测量地面层以上自由大气各高度上一个或几个气象要素，并能发送所测得的信号的无线电探测仪器。简称探空仪。探空仪可使用一定的方式升空：随气球、风筝、模型飞机上升；或使用定高气球、飞机、火箭携带至较高的高度实施下投，随降落伞或重力气球随风降落。

探空仪包括感应元件、将感应的量转变成电信号的信号变换器、将信号发回到地面接收站的无线电发射机以及电源。早期的感应元件多为机械位移式，如金属空盒、双金属片和毛发等；后期转而应用电测感应元件，如单晶硅压敏片、热敏电阻和聚酯吸湿层的湿敏电容。信号变换器则将机械位移式感应元件的测量结果转换成电码，将电测感应元件的测量结果转换成模拟或数字信号。这些转换后的信号通过编码调制在无线电发射机上，将信号发回地面接收站。

GTS1型数字探空仪是中国在2001年设计定型的新型数字式探空仪，测量要素包括温度、湿度、气压、风向和风速等，其测风回答器与温度、湿度和气压调制发射机进行一体化组合，配合地面测风新型二次雷达进行高空风测量。温度、湿度、气压元件分别为热敏电阻、碳膜湿度片和硅单晶应变片，可直接输出电压模拟量，利用A/D变换转变为数字信号。采用L波段1671兆赫数字调频发射体制，较好地避免噪声干扰。

气象雷达

用于探测大气中的云、雨和气象要素的专用雷达。主要包括测雨雷达、测风雷达、测云雷达。随着发射系统新工作物资的出现，又发展出以激光器（发射激光）和声发射器（发射脉冲声波）为核心的激光雷达和声雷达。

第二次世界大战前雷达主要用于探测军事目标。当时云

青岛多普勒气象雷达站

和雨等气象回波是作为噪声要滤掉的。1941 年英国最早使用雷达探测风暴。1942 ~ 1943 年美国设计出专门用于气象探测的雷达。20 世纪 60 年代多普勒技术用于雷达探测，开始了对雷达回波的彩色分层显示。70 年代相继发展了大功率高灵敏度的甚高频和超高频多普勒雷达。70 ~ 80 年代激光雷达和声雷达也从研制阶段逐步走向业务试验应用。与此同时，计算机的引入，使气象雷达从探测操作到结果显示逐步向全自动化方向迈进。

当雷达方向性极强的天线向空间发射脉冲式电磁波时，会与传播路径上的大气发生相互作用。如大气中的水汽凝结物（云、雾和雨滴等）会对雷达发射的电磁波产生散射和吸

收作用，非球形粒子会对圆极化散射波产生退极化作用，稳定层结对入射波产生部分反射，运动着的散射体会使入射波发生多普勒效应等。上述相互作用均与发射的电磁波波长、极化方式等有关。通过测量与大气相互作用后反射和散射回来的脉冲式电磁波的方向、时间、振幅、相位、频率和偏振等物理量，就可以反算出目标物的空间位置、形状、移动和发展演变等宏观特征以及云中含水量、降水强度、水平风场、垂直气流等物理特征。

气象雷达主要由发射系统、天线系统、接收系统、信号处理系统和显示系统等部分组成。

气象雷达探测大气的性质与工作波段有关。当综合考虑云雨粒子对电磁波的散射和吸收时，不同的波段只适用一定的探测要求。如 K 波段（波长 0.75～2.4 厘米）适用于探测各种不降水的云；X、C 和 S 波段（波长 2.5～15 厘米）适用于探测降水，其中 S 波段（波长 7.5～15 厘米）最适用于探测暴雨和冰雹；用高灵敏度的超高频或甚高频雷达可以探测对流层—平流层—中间层的晴空湍流。

气象雷达探测的高时空分辨率、获取降水云雨的宏微观物理特征的能力、获取大气精细动力场和热力场的能力，已使它成为地球大气探测系统的重要组成部分，已经在对中尺度强对流灾害性天气的警报和短时预报中发挥重大作用。

气象气球

用橡胶或塑料等材料制成球皮，充以氢、氦等比空气轻的气体，携带仪器升空，进行高空气象观测的观测平台。球内充气后能保持较为稳定的升速或下沉速度，实施高空垂直或水平的气象探测。气象气球的主要类型如下。

飞升气球

从地面释放，平稳地以固定的速度升空进行垂直探测的气象气球。携带各类无线电探空仪的探空气球，荷重可达1～2千克，能升至30千米以上高度，并具有300～400米/分升空速度。测定风向、风速用的测风气球，荷重很小，因此比探空气球小很多，升空速度为100～200米/分，可升的最大高度较低。测云气球一般采用直径较小的测风气球，升速多为100米/分，根据自地面到没入云底的时间，计算出云底的高度。

平移气球

能保持在某一高度随风飘浮以进行大气水平探测的气象气球。设法使气球在某一选定的高度（等密度面）上达到净举力为零，则气球可在某高度上随气流移动进行探测。如高斯特气球在全球大气试验中，大量用于赤道等地区的环球飞行。平移气球又称为定容超压气球，气球球皮由某种膨胀伸缩极弱的薄膜制成，当气球达到固定高度后，由于球内压力不断加大，与四周大气压力维持一个较高的压差。当压差逐渐加大，气球内氢气（或氦气）的密度增高，使气球的净举力达到零，因而使气球维持在某一等密度面上平移。平移气球受垂直气流影响偏离原定等密度面时，能自动返回设定的高度，只随大气垂直方向的湍流作用有所起伏。

系留气球

进行大气边界层探测时可以使用系留气球。系留气球的球皮使用橡胶或聚酯薄膜制成，呈流线型汽艇状。使用缆绳及绞车将其拴住，可控制其在大气中的飘浮高度。流线型会减少空气的阻力，气球尾部的水平及垂直尾翼可保持气球的稳定性。因为系留气球可以任意停在大气中某一高度，通过无线电遥测仪器，除可进行温度、湿度、气压、风向、风速等气象要素观测外，还可用来观测臭氧，以及监测大气污染。

洛宾球

用于下投式垂直探测的气球。它是用聚酯薄膜制作的非膨胀型球形超压气球，充气后直径约1米。装在火箭前舱，当火箭升至最高点时（约70千米）施放。球皮内装异戊烷液体，利用其气化充气，充气后超压10～20百帕。球内还装有八面体的角反射器，作为雷达的观测靶。使用高精度雷达进行追踪观测。气球上携带下投式无线电探空仪，可进行空气密度、风、温度和压强的观测。气球内的充气量必须保证准确，保持固定的下沉速度。

棘面气球

直径约2米，专门设计为雷达追踪用的气象气球。为非膨胀型，由表面电镀金属的聚酯薄膜制成，球面上有数百个突出物（角锥），底直径7.6厘米，高也是7.6厘米的锥体突起布满球面。洛宾球本身作为高精度雷达的反射靶。球的升速也很稳定，在风速25米/秒的条件下，在9千米高度以下的升速，精度为1米/秒，最大上升高度约18千米。

其他特殊用途的气象气球还有许多，例如大型的平流层探测气球，是垂直和水平探测相结合的高层大气探测用气球。又如，串列气球是用约5米长的绳索将2～3个气球串列起来，这种方法的好处是在同样的球重及举力时串列气球比单个气球所能达到的高度高。当需要气球携带升空的载荷较重时，可采用这种串列气球。

气象塔

观测大气边界层气象要素铅直分布的设施平台。随着大气边界层和大气环境工作的开展，气象业务部门都在架设专用的气象塔，以塔高100米的最为普遍，最高的达400米以上。也有利用电视塔和通信塔安装气象仪器进行观测的。

1979年，中国在北京北三环外祁家豁子建造了第一座320米高度的专用气象塔；另外在天津、南京和广州等地设置了数座百米高度的专用气象塔。专用气象塔上安装的仪器可分为三大类别：①测量温度、湿度和风速梯度的观测仪器。②测量温度、湿度和风速脉动的大气湍流观测仪器。③大气化学的污染物浓度观测仪器。气象塔上安装的仪器高度通常上疏下密，采用对数等间距分布。

专用气象塔上安装的仪器性能和准确度均高于一般气象台站的仪器，多使用先进的遥测系统与数据采集及其主控计算机相连。

气象卫星

从外层空间对地球及其稠密大气层（主要是对流层）进行气象观测的人造地球卫星，是卫星气象观测系统的空间部分。卫星携带有各种气象遥感器，能够接收和测量地球及其稠密大气层的可见光、红外与微波辐射，并将它们转换成电信号传送到地面。地面台站将卫星送来的电信号复原绘制成各种云层、地表和洋面图片，经进一步的处理和计算，即可得出各种气象资料。

1966 年美国发射了一颗实用的气象卫星。此后，美国、俄罗斯（含苏联）、日本、欧洲空间局和中国先后发射了气象

"风云" 2 号卫星

卫星。中国的为"风云"号卫星系列。截至 2024 年 10 月，中国已经成功发射了 21 颗（"风云" 1 号、2 号、3 号和 4 号等）极轨和静止气象卫星。

气象卫星按卫星的轨道一般分成两类：太阳同步轨道气象卫星（又称极轨气象卫星）和地球静止轨道气象卫星（简称静止气象卫星）。太阳同步轨道气象卫星每天对全球表面巡视两遍，间隔 12 小时左右，优点是可以获得全球气象资料。1 颗地球静止轨道气象卫星可以对地球 1/4 的地区连续进行气象观测，实时将资料送回地面。用 4 颗卫星均布在赤道上空，就能对全球的中、低纬度地区天气系统的形成、发展和变化进行无间断地连续监测，适于地区性气象业务，缺点是对高纬度地区（大于 55°）的气象观测能力较差。气象卫星通常是军民共用的。为了适应军事活动的特殊需要，有的国家发射专门的军用气象卫星，例如美国的"布洛克"号太阳同步轨道军事气象卫星。

气象卫星通常由气象观测功能系统和保障系统两部分组成。气象观测功能系统中的主要设备是气象遥感仪器。常用的有：①多通道高分辨率扫描辐射计。可以获得可见光与红外云图。太阳同步轨道气象卫星的可见光与红外云图的星下点分辨率都在 1 千米左右；地球静止轨道气象卫星的可见光云图的星下点分辨率为 0.9 ～ 2.5 千米，红外云图的星下点分辨率为 5 ～ 12 千米。②高分辨率红外分光计。可以获得大气垂直温度分布和水汽分布。③微波辐射计。配合高分辨率红外分光计工作，可以获得云层以下的大气垂直温度分布和云中的含水量。此外，还包括星载的数据存储装置和数据传输设备。

气象卫星主要观测内容有：①云图的动态变化对气象的影响。②云顶温度、云顶状况、云量和云内凝结物相位。③陆地表面状况（如冰雪和风沙），以及海洋表面状况（如海洋表面温度、海冰和洋流等）。④大气中水汽总量、湿度分布，降水区和降水量的分布。⑤大气中臭氧的含量及分布。⑥太阳的入射辐射、地气体系对太阳辐射的总反射率以及地气体系向太空的红外辐射。⑦空间环境状况（如太阳发射的质子、α 粒子和电子的通量密度）。

人工影响天气

在一定的天气条件下，通过向大气播撒催化剂等技术手段，对局部区域内大气中的物理过程施加影响，使其发生某种变化，从而达到减轻或避免气象灾害的一种科技措施。它是人工增雨、人工防雹、人工消雾、人工消云、人工削弱台风、人工防霜冻和人工抑制雷电等的总称。

科学的人工影响天气始于 1946 年，美国的诺贝尔奖获得者 I. 朗缪尔及其助手 V.J. 谢弗和 B. 冯内古特等，开展了利用干冰碎粒人工催化自然云试验，并获得成功。20 世纪 60 年代，美国科学家 J. 辛普森进行了动力催化试验，获得了一定程度的成效。这些成功个例推动了人工影响天气试验的迅速发展。

人工影响天气的理论基础是云物理学。最主要的作业技术方法是利用飞机、火箭或地面发生器等手段向云（系）中

飞机播撒人工催化剂

一定部位播撒人工催化剂，改变云的微结构。根据云的性质，人工催化过程可分为冷云催化或暖云催化。①冷云催化。温度为 -30 ～ 0℃的云中，往往存在过冷却水滴，若在这种云中播撒碘化银或干冰等成冰催化剂，可以生成大量的人工冰晶，增加云的降水效率，达到增雨的目的。在强对流云中，人工冰晶能长大成冰雹胚胎，同自然冰雹争夺水分，使各个冰雹都不能长成危害严重的大雹块，这样可以达到防雹的目的。②暖云催化。在云中播撒吸湿性核或直接播撒直径大于 0.04 毫米的水滴，使它们同云滴碰并，长成雨滴而降落到地面，达到增加降雨的目的。

人工防雹

用人为的办法对可能产生冰雹的云层施加影响，使其不能降雹或减弱降雹强度的措施。冰雹云常常是发展旺盛的对流云。产生冰雹的主要条件是：云中要有上下强烈运动的气流，并且蕴含大量水分。只有这样，云中小的冰雹胚胎才有发展成冰雹的足够水分供应，才有充分的机会捕捉云中水分使自身不断增大。

人工防雹的原理，就是设法减少或切断给小雹胚的水分供应。所采用的方法与人工增雨的方法类似，只是要达到防御冰雹的效果，一般需要向云中播撒足够量的播云催化剂，以产生大量冰晶，迅速形成更多的水滴或冰粒，造成同雹胚竞争水分的优势，从而抑制雹块的增长。通常，人工防雹是用高炮或火箭将装有碘化银的弹头发射到冰雹云的适当部位，以喷焰或爆炸的方式播撒碘化银，或用飞机在云层下部播撒碘化银焰剂。

由于雹云结构十分复杂，雹块产生的机制尚未弄清，依据竞争水分概念的播撒能否起作用还在不断探索。另一类防雹试验是设想用高炮、火箭向云的中下部大量集中轰击，引起云中气流变化和使过冷水滴冻结，从而破坏雹云发展，但至今还没有做出可靠的物理论证。

人工消雾

用播撒播云催化剂、加热或扰动混合等方法，使雾滴蒸发而消除的措施。出现雾时，大气的能见度降低，会给交通运输带来严重影响。雾的物理性质不同，必须区别情况，采用不同的人工消雾方法。

人工消冷雾

向雾中播撒成冰催化剂，使雾中产生大量冰晶，冰晶与水汽和水滴共存时，由于冰面饱和水汽压小于水面饱和水汽压，雾中的水汽便会迅速凝华到冰晶上。冰晶的增长抑制水滴的增长，并促使水滴不断蒸发、数量减少，从而达到减少和清除大气中雾滴的效果。从技术上讲，人工消冷雾较为成熟。

人工消暖雾

人工消暖雾的技术尚处于进一步的试验研究之中，采用的方法有：播撒氯化钙等吸湿性核，在雾中培植大水滴，拓宽雾滴谱，诱发冲并过程，造成雾的沉降，使雾消散；加热方法，增加局部区域温度，使雾滴蒸发而消散；用喷气发动机产生热气，靠热动力扰动气流，使雾蒸发消散；采用直升机破坏雾层顶部的逆温层，使雾因气流上升而消散等。

人工增雨

采用人为的办法对一个地区上空可能下雨或者正在下雨

的云层施加影响，使降水量增加的措施。人工增雨是采用向云中播撒播云催化剂的方法使自然云激发或增加降水，或是改变降水的分布。除利用碘化银等成冰催化剂外，还可用吸湿性核或直径大于 0.04 毫米的水滴对云体进行播撒，加强云中碰并过程和雨滴的增长，达到增加降雨的目的。

1946 年美国科学家 V.J. 谢弗用飞机向 -20℃ 的层状过冷云播撒干冰，5 分钟后，云下出现雪幡，人工增雨首次获得试验成功。由于有潜在的巨大经济效益，人工增雨受到广泛重视，在许多国家和地区都开展了试验研究。中国也在 1958 年开始了试验研究工作。

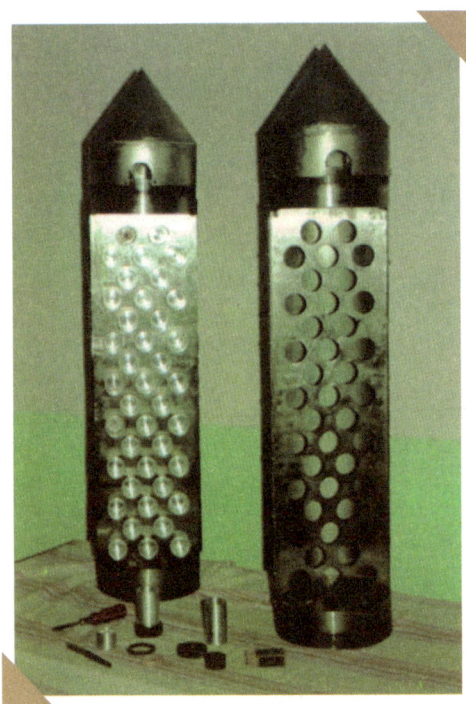

人工增雨火箭弹的结构

人工增雨的效果同云的自然条件有密切关系。云中温度、过冷云水含量和冰晶浓度是决定播云增雨效果的主要条件。就整个云体来说，云顶温度一般最低，常将它作为估计云中自然冰晶浓度的参数。当云顶温度太低时，云中自然冰晶浓度一般较高，用人工催化增加冰晶浓度达到增雨的效果不显著。

当云顶温度太高时，碘化银等催化剂的成冰能力则较低，不利于人工催化。当云顶温度处于 -25 ～ -10℃时，自然冰晶浓度低，云中有丰沛的过冷云水，人工增雨效果则比较明显。

工作人员在装弹进行人工增雨

由于水资源对国民经济的重要性，人工增雨作为开发水资源的重要手段，受到广泛的重视。世界上有多个国家和地区开展了人工增雨试验，美国、俄罗斯和以色列等国的规模较大，作业技术较先进。中国北方各省，主要用飞机向大范围层状云中播撒干冰或碘化银等成冰催化剂；南方各省，也曾用飞机、高炮或火箭向积状云内播撒盐粉或碘化银等催化剂，以期增加旱季的降水量。由于云降水过程自然变率很大，人工催化过程中的一些科学问题还不是很清楚，人工增雨的效果检验仍有很大困难。

播云催化剂

为改变云（雾）的微结构和演变过程而往云中播撒的物质。又称人工催化剂。往云中播撒播云催化剂的目的是为了人工影响天气。播云催化剂分成三类。第一类是可以产生大量冰晶，诱发或加强云中冰水转化的碘化银等成核剂；第二类是可以使云中水分冷却形成大量冰晶的干冰和液氮等制冷剂；第三类是可以吸附云中水分变成较大水滴的盐粒等吸湿性物质。

碘化银、干冰和液氮等是适用于温度低于 0℃ 冷云的催化剂，而盐粒等是只适用于温度高于 0℃ 暖云的催化剂。适用于冷云的播云催化剂，至今仍以碘化银和干冰为最优良的催化剂而被广泛使用。碘化银具有成冰率随温度降低而增大的重要特性。在环境温度为 -20 ～ -10℃ 的条件下，1 克碘化银产生 10^{12} ～ 10^{14} 个冰晶。干冰是一种很有效的冰核化剂，每释放 1 克干冰能产生约 10^{12} 个冰晶，而且成冰效率在 -11 ～

-1℃基本不依赖于温度。干冰必须直接投到云的过冷区中，所以通常要求有机载播撒系统。优良催化剂应该是有效、经济而便于使用的。此外，作为催化剂的物质应是无毒、无腐蚀性、长期大量使用不致影响生态的。

天气图

反映某一时刻一定地区天气状况和天气形势的图。如地面天气图、高空天气图、雨量图、变压图等。天气图是制作天气预报的基本工具。

简史

1820 年德国人 H.W. 布兰德斯把过去同一时刻、不同地点观测的气压和风的记录填在一张地图上，绘制出世界上第一张天气图。1851 年，英国人 J. 格来舍制作出第一张利用电报收集的各地观测的气象资料，及时填绘分析而成的地面天气图，是现代天气图的雏形。20世纪30年代，随着无线电探空站网的建立，开始了高空天气图的分析制作。

分类

天气图一般分为：地面天气图、高空天气图和辅助天气图，用于从不同侧面描述当前的天气和天气系统的现状。若按成图的时间又可分为：实况分析图，即按实际观测记录绘制的天气图；预报图，即根据天气分析、数值预报和其他预报手段制作出的未来24、48、72小时，甚至更长时段的天气形势、天气系统和具体天气（如雨区和等雨量线、大风区、雾区、沙尘区等）的分布图；历史天气图，即根据实际气象观测资料和经过天气系统演变的、连续检验而制作的、供存档和事后分析研究用的天气图。

地面天气图

又称地面图。把各地面气象站观测的气象要素和天气现象用规定的格式和符号填在不同投影底图的相应站点位置上，然后在图上分析气压等值线、天气区（降水区、沙尘区、雾区、雷暴区、大风区等）、锋、气旋和高、低气压中心等天气系统，形成一张综合表示各种天气现象现状和天气系统位置及强度的分布图。

高空天气图

又称高空等压面图或高空天气形势图。把各探空站观测的各标准等压面的位势高度、温度、湿度和风向、风速等观测值按规定的格式和符号填绘在不同投影底图、不同等压面的相应站点位置上，在同一等压面图上按照一定的规则分析等位势高度线和等温线，进而分析相应等压面上的高压脊、低压槽和高、低气压中心等天气系统，最终形成一张能反映各地区上空不同高度处大气运动状况和天气系统位置的分布图。

把地面天气图和不同等压面的高空天气图综合在一起，就能清楚地指出各地当前的天气状况，产生这种天气的天气系统，它的水平分布和空间分布，与此相应的大气的动力状况和热力状况，从而为天气预报提供最重要的信息，成为其主要依据。

卫星云图

在气象卫星观测平台上，遥感探测器从宇宙空间对地球大气进行观测得到的地球云覆盖和地表特征的图像。各种不同尺度的天气系统的云区、各种不同的地表特征，在这种图像上都有其特定的色调、范围大小和分布形式。利用卫星云图可以识别不同的天气系统，确定它们的位置，估计其强度和发展趋势，为天气分析和天气预报提供依据。卫星云图具有全球覆盖和高时空分辨率等特点，在常规观测资料稀少地区和对生命史短的中小尺度强对流天气系统的监测等方面作用更为突出。

按气象卫星上获取云图的遥感探测器的光谱通道不同，卫星云图分为可见光云图和红外云图两大类。

气象卫星上的扫描辐射仪对地球大气进行扫描观测，其中在可见光通道（如波长在 0.5 微米附近）得到的云图称为可见光云图。在可见光云图上，不同种类的云和不同性质的下垫面，由于其反照率不同，表现为不同的亮度或灰度。最亮的、反照率最大的区域表现为白色，如积雨云。反照率最低的区域表现为黑色，如深海海

中国"风云"2B 号气象卫星传回的卫星云图

洋。荒漠和沙漠地表在晴空的可见光云图上呈灰色。可见光云图是形象而直观地区分不同种类云和地表的主要工具。但这种云图的获取需要光照条件，只在白天有图像。

扫描辐射仪在大气红外窗区波段（通常是 10 ～ 12 微米）遥感地球大气的发射辐射所获得的云图称为红外云图。它不依赖日射，可以昼夜获取云图。在这个波段大气的吸收很少，卫星上所探测的辐射主要来自云层（有云地区）和地表（晴空区）。根据辐射定律，红外辐射的强度取决于发射物体的温度。因此，红外云图实际上就是地表和云顶温度的分布图像。温度越低、云顶越高的云区在红外云图上越白（如积雨云顶）。地表温度有日变化，所以红外云图上地表色调也有日变化。在红外云图上，便于分析识别高、中、低云，但难于识别低云与周围温度相近的地表；便于识别云顶很高的卷云，但难于识别云区内起伏多变的纹理结构。在实际卫星云图分析应用时，总是把上述两种云图配合使用，得到最佳的分析识别效果。

随着遥感技术的发展，利用大气的水汽吸收带（如 6.7 微米附近）获取的水汽图像和微波窗区通道（89 吉赫和 150 吉赫）获取的微波图像，也具有一定的监测云和地表的能力。

天气预报

根据大气探测信息，应用天气学、动力气象学、统计学的原理和方法，对某一区域或某一地点未来一定时段的天气状况做出定性或定量的预测。它是大气科学研究的最重要目标之一。

发展

天气预报的发展大体上可分为三个阶段：单站预报、天气图预报和数值天气预报。

17世纪以前，人们通过观测天象、物象的变化，用简单生动的语言编成天气谚语，据此预测当地未来的天气。17世纪以后，温度表和气压表等观测仪器相继投入观测业务，依据温度、气压和湿度等单站气象要素的时间演变来预测未来的天气。这是天气预报的初级阶段。

1851年，英国根据电报传来的各地气象观测资料，及时地绘制出地面天气图。在其上分析高、低气压等天气系统的位置和演变，据此制作出最早的天气图预报。20世纪30年代，利用无线电探空站网的观测资料，绘制出了高空天气图，结合当时气象科学研究的成果，如气团学说、极锋理论和长波理论等，使天气图预报方法更趋完善，预报效果不断提高。20世纪40年代，天气雷达投入应用。60～70年代，气象卫星进入业务运行，雷达回波图像和卫星云图直观而生动地显示出台风、暴雨、飑线、锋面、气旋和急流等天气系统的状况。把这些信息与天气图上天气系统的动力和热力特征结合在一起，使天气图预报方法的精度和时效均得到提高。

　　20世纪50年代，电子计算机的运算能力与动力气象理论、数学物理方法相结合，实现了数值求解经过简化的控制大气运动的偏微分方程组，使利用初始时刻的气象观测资料，客观地计算出未来的大气状况的数值天气预报成为可能。随着计算机运算能力成数量级的增加，对控制大气运动的物理因子更深入的理解，卫星遥感与常规探测相结合的大气探测系统逐步建成，更好的初值和更多物理因子的引入，到21世纪初，120小时的数值预报形势场达到了可用的水平。

预报种类

　　按天气预报的时效长短，可分为：①短时预报。根据雷达、卫星和中尺度数值预报场，对局地强风暴系统的动向进行的 0 ～ 6 小时的预警。②短期预报。预报未来 24 ～ 72 小时的天气状况。③中期预报。对未来 4 ～ 15 天的天气预报，主要预报有无天气过程及何种天气过程，能否出现灾害性天气，以及天气变化趋势。④短期气候预测。包括 1 个月至 1 年的预报和 1 ～ 5 年的气候趋势预报。主要应用统计方法、动力模式的延伸和海气耦合的气候模式等手段，对气象要素的平均值和多年平均值的偏差量进行预报。

随着卫星遥感技术、通信技术和计算机技术的高速发展和进步，天气预报及其服务正在向全面自动化的方向发展，即从地球大气探测信息的获取、信息收集、气象信息加工和预测到分发服务，全部由计算机、服务器和通信网络来完成，工作人员根据屏幕显示，以人机交互的方式完成各种预报服务任务。

数值天气预报

根据大气运动的不同情况以及预报空间和时间的要求，

在一定的初值和边值条件下，通过数值计算，求解描写大气运动和状态演变的方程组，对未来天气做出预测的方法。通常，这样的方程组包含 7 个方程（3 个运动方程、1 个连续性方程、1 个状态方程、1 个热力学方程和 1 个水汽方程）和 7 个待求函数（速度沿 X、Y、Z 三个方向上的分量 u、v、w，压强 p，温度 T，密度 ρ 和比湿 q）。方程组中的黏性力、非绝热加热和水汽量等都当作空间、时间和 7 个待求函数的函数。这样，方程的个数与待求函数的数目相同，因而方程组是闭合的。

由于大气运动状况的差异或预报要求的差异，描写大气运动和演变的方程组可以有不同的简化模型，这就是大气模式。常用的大气模式有正压模式、斜压多层模式、准地转模式、平衡模式和原始方程模式等。就计算方式而言，有差分模式和谱模式等。

数值天气预报是一种定量的和客观的预报，除要求预报模式能较好地反映大气实际状况外，还应有较正确的计算方法、较协调的资料处理、较精确的客观分析和快速的计算机系统。

中国的数值天气预报，从接收资料到填图、分析和输出预报图都已实现自动化。不仅做北半球范围的 1～2 天的短期数值天气预报，而且还做 3 天甚至 1 个星期左右的中期数值天气预报。

农业气象预报

根据气象条件与农业生产之间的关系，针对农业生产的需要而进行的专业气象预报。农业气象学的分支，是气象为农业服务的重要任务之一。

预报的内容和时效

①农用天气预报。如作物收获期晴雨、放牧季节大风雪等对农牧生产有重要影响的天气预报。②农业气象条件预报。如作物生育期间的土壤水分或热量条件预报。③发育期预报。如禾谷类作物拔节、抽穗、成熟期，果树开花、采摘期预报。④农业气象产量预报。主要针对种植面积较大的大田作物，如小麦、水稻的单位面积产量和总产量发布预报。⑤农业气象灾害预报。如旱、涝、霜冻、冻害、干热风等预报。⑥作物病虫害气象预报。如黏虫、稻飞虱、小麦锈病等发生、蔓

延、分布的预报。⑦森林火险预报。如易发生林火的危险天气预报、林火发生区域及蔓延趋势预报。⑧渔业气象预报。如渔场水温、大风、海雾等与渔业密切相关的气象预报。

预报的时效可分为短期（48小时以内）、中期（3～10天以上）、长期（1个月以上）、超长期（1年以上）。预报范围按服务区域而定。

预报的根据和方法

农业气象预报是建立在被预报量与预报因素之间定量关系的基础上，其根据可概括为：①农业产量是在整个生育期间逐渐累积的结果，前期农业气象条件影响下的农业生产状况是未来农业生产状况及产量形成的基础。可根据过去农业气象条件估算未来农业状况。②气象因素对预报对象的作用具有持续性。如良好的土壤水分条件，即使经历短期无雨，作物也会生长良好。③在一定区域范围内，农业气象条件和作物生育状况都是近似的，可选用若干有代表性的站点资料开展区域性农业气象预报。④各气象因素对预报对象的影响是复杂的，在具体区域内抓住农业关键时期、主导气象因素可取得较好的预报结果。⑤各农业气象条件对农业的影响是综合的、交互的，建立多因素综合预报模式，可以提高预报质量。农业气象预报一般多考虑气象因素、生物因素、土壤因素和农业技术因素。

预报方法可归纳为：①统计学方法。②天气学方法。③气候学方法。④物候学方法。⑤数学物理模拟方法。⑥卫星遥感方法等。

预报的作用

有助于掌握未来农业气象条件和农作物、牲畜等生育状况的变化，有针对性地利用有利天气，合理安排生产，以提高作业效率；提早做好防灾、抗灾的准备，减轻灾害损失；估算农业产量，有计划、有准备地安排农产品的收获、运输、贮藏、供销等工作。

气候监测

用现代化技术对气候系统进行监视探测的总称。目的是通过全球观测和信息传输及处理网络，准确地了解气候系统各部分的现状和变化，提供及时的信息和诊断分析服务，并为气候环境研究和预测搜集资料。

"气候监测"一词是美国 J. 库茨巴赫等在 20 世纪 70 年代首先提出的。在 1979 年世界气象组织公布的《世界气候计划，1980～1983 年计划提要与基础》中，将气候监测列为"气候资料计划"（1991 年更名为"世界气候资料和监测计划"）的重要组成部分。从 1991 年开始，世界气象组织大约每两年出版一期《全球气候回顾》，概述全球和区域气候变化与气候灾害的监测结果。美国、日本、中国、澳大利亚等国还定期出版气候监测公报，提供气候监测和预测信息。此外，还有大量气候监测信息在互联网上交流。

随着现代科学技术的进步、气候研究的深入和研究领域的拓宽，气候监测的内容日益广泛和精细。监测工作由全球范围多学科协作进行。主要监测系统包括全球气候观测系统、全球海洋观测系统和全球陆地观测系统，并把通过世界天气监视网、全球海平面观测系统等已有的业务观测系统得到的气候资料综合进去。观测方式有现场观测（由观测站、海洋浮标、气球、船舶和飞机等进行）和遥感探测（如卫星、雷达等）。

观测项目有：温度、湿度、压力、风、云、降水、大气成分、气溶胶、辐射等有关大气的要素和天气现象，海水的温度、盐度、化学成分、波浪、洋流、海面高度、海冰和海洋与大气通量交换等海洋观测项目，有关陆地地质土壤、水文、地貌植被、冰雪覆盖、生物和人类活动等物理、化学和生物学参数，还有太阳活动及轨道参数等其他地球物理项目。

气候资源

人类生产和生活可以利用的各种气候条件。自然资源的一种。与物产和矿产等资源不同，气候资源是一种环境资源。

不同的气候区有各自不同的气候资源。高温高湿的热带雨林，水、热资源充分；干燥多风的沙漠，太阳能和风能丰富；冰天雪地的极地储藏着大量的淡水。四季如春与酷暑严寒，骤雨频发与狂风连连，天高气爽与大雾漫漫，都有各自的气候资源优势，同时也存在造成气候灾害的可能，如光、热、水、气等条件的某种组合构成有效的农业气候资源，而另一种组合则可能构成严重的农业气候灾害。同一种气候条件，既可能成为资源，又可能酿成灾害，如对多台风地区，人们既盼望台风能带来丰沛的雨水以解除干旱，又不想看到狂风暴雨毁坏海堤、房屋和农田。

合理利用和开发气候资源，主要是趋利避害。近百年来社会经济发展和气候环境变化的情况表明，人类与地球环境必须和谐相处，如过度的农业开垦、森林砍伐和矿物燃料的使用，给气候和生态环境带来严重破坏，使土地沙漠化。现在人们不得不退耕还林、退牧还草和限制二氧化碳等温室气体的排放。因此，对气候资源的利用，既要看到当前的生产发展需要，更要对未来可能引起的环境变化进行评估，做到开发适度，利用合理，使社会经济持续发展，气候环境不断改善。为此，要研究气候资源和气候灾害的时间和空间分布规律，进行气候区划，拟定

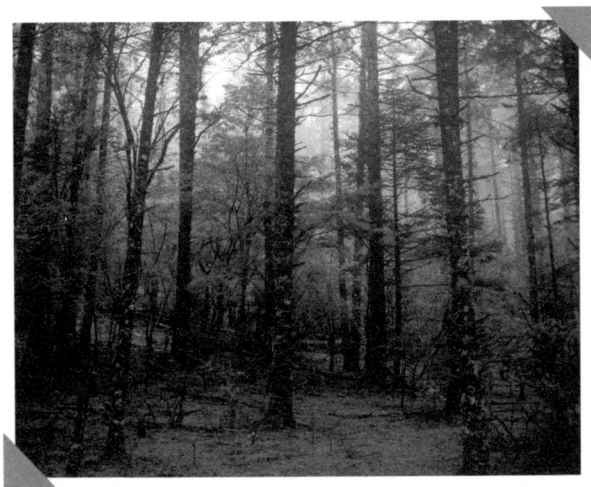

森林

气候资源开发和改善气候环境的规划，如制作国家或地区的综合气候区划，以及有关农林、公交、建筑、旅游、能源和水资源利用等专业的气候区划。

气候区划

根据气候特征的相似和差异程度，用一组指标，将全球或某一地区的气候进行逐级划分。使同一区域内气候大致相同，而不同气候区间则明显不同。

气候区划可分为综合性气候区划和专业性气候区划两类。前者如世界气候区划、中国气候区划，后者如建筑气候区划、

风力发电

农业气候区划、气象能源（风能、太阳能）气候区划等。有的专业气候区划中，还可进行更细的单项气候区划。例如农业气候区划中可有小麦、水稻、棉花、玉米、大豆、油菜、茶树、柑橘、橡胶等单项农作物或经济作物的气候区划。

气候区划的目的，是为了摸清所研究区域内的气候情况，便于尽量利用气候资源，同时避免不利气象条件以尽量减少灾害损失。气候区划的指标，综合性气候区划主要突出共性，如热量、水分等；专业气候区划主要考虑矛盾的特殊性，根据专业需求而定。

第三章

防治大气污染

大气污染

大气环境质量恶化，导致对人体健康、生态系统或材料产生不良影响和负面效应的现象。进入大气中的污染物质会发生传输、转化、积累、沉降等物理的、化学的和生物的复杂过程，引起一系列局地的、区域的，甚至全球的环境影响与变化。

大气污染的形成，除污染物的排放以及随后在大气中的化学转化因素外，与大气物理因素如辐射、气象（如风速、风向、大气稳定度）等密切相关。在不同气象条件下，大气污染物扩散、稀释的速度不同，对大气污染物的迁移转化有决定性的作用。如在静风、出现逆温层（稳定大气条件）时，污染物很难扩散，很易形成大气污染。

按大气污染物的化学特征分，主要面临的大气污染如下：①二氧化硫和酸沉降。主要由煤炭燃烧排出的二氧化硫、颗粒物等

火力发电厂排出的黑烟严重污染大气

污染物以及随后发生化学反应而生成的如硫酸和硫酸盐等物，在城市逆温和湿度大的条件下，造成严重的健康危害，如伦敦烟雾事件。这些物质可能通过在云中形成凝结核和云下冲刷的方式（湿沉降）进入降水，或通过与地球表面直接接触的方式（干沉降）造成酸沉降。②城市和区域光化学烟雾。氮氧化物、一氧化碳和碳氢化物等在日光下发生光化学反应，产生臭氧、过氧乙酰硝酸酯（PAN）及一些过氧化物和细颗粒等，在大气中形成淡蓝色的氧化性极强的污染气团。光化学烟雾最早在美国洛杉矶发现，现在世界许多城市和区域都有发生。③颗粒物污染。大气颗粒物是危害严重的污染物。可吸入颗粒是中国许多城市大气中的首要污染物。颗粒物不仅影响大气能见度，而且通过影响辐射阻挡太阳光进入地表。颗粒物进入人体会对健康造成很大的影响。④复合污染。多

种来源的污染物在大气中相互作用，造成复杂的大气污染现象。燃煤、石油燃烧或化工以及风沙扬尘等释放或转运的污染物如二氧化硫、颗粒物以及化学反应生成的臭氧等同时以很高的浓度在大气中存在，它们的形成和转化相互交错，引起的环境效应相互协同或拮抗，构成独特的复合污染。⑤特殊大气污染。由某种特殊原因或特殊的污染物所引起的大气污染。如墨西哥波查里加工厂泄漏硫化氢、日本富山化工厂泄漏氯气、印度博帕尔农药厂泄漏异氰酸甲酯等事件。

大气污染防治

以大气质量标准和大气污染物排放标准为依据，采取工程措施，对各种大气污染源和污染物实施防治以改善大气质量。大气污染是由多种污染源造成的，并受地形、气象、绿化面积、能源结构、工业结构、工业布局、交通管理、人口密度等多种自然因素和社会因素的影响。仅靠单项治理措施解决不了复杂的大气污染问题。实践证明，只有统一规划并综合运用各种防治措施，才能经济有效地控制大气污染。

减少或防止污染物的产生

主要措施：①改变能源结构，采用清洁能源（如天然气、沼气等）和可再生能源（如太阳能、风能和生物质能）。②对燃料进行前处理（如燃料脱硫、洗煤、煤的汽化和液化），以减少燃烧时大气污染物的生成。③改进燃烧技术和装置、运转条件，以提高燃烧效率和降低大气污染物的排放。④实施清洁生产，节约原材料与能源，尽可能不用有毒原材料，并在全部排出物和废物离开生产过程以前就减少它们的数量和毒性。⑤节约能源和开发资源综合利用。⑥加强企业管理，减少无组织排放和事故排放。⑦改善土地利用方式，减少地面扬尘。

控制污染物的排放

采取抑制污染物产生的各项措施后，仍会有一些污染物生成。需要设计安装必要的净化装置，使污染物的排放浓度和排放总量达到国家或地方标准。主要方法有：①利用各种除尘器去除烟尘和各种工业粉尘。②采用物理、化学、生物等各种方法回收利用废气中的有用物质，或使有害气体无害化。

利用环境的自净能力

大气环境的自净能力包括物理、化学和生物过程。在排出的污染物总量恒定的情况下，环境空气中污染物浓度在时间和空间上的分布与气象条件有关，认识和掌握气象变化规律，充分利用大气稀释与自净能力，可以降低大气中污染物的浓度或持续时间，避免或减少大气污染危害。如以不同地区、不同高度的大气层的空气动力学和热力学的变化规律为依据，可以合理地确定不同地区的烟囱高度，使经烟囱排放的大气污染物能在大气中迅速扩散稀释。

防治大气污染的其他措施

植物具有美化环境、调节气候、截留粉尘、吸收大气中有害气体等功能，可在大面积范围内长时间连续地净化大气。在城市和工业区有计划、有选择地扩大绿地面积，对大气污染综合防治具有长效能和多功能的作用。培育抗污染、适应气候变化后生态特点的新植物品种也是防治大气污染的措施之一。

大气污染防治法

国家为防治大气污染、保护和改善生活环境和生态环境、保障人体健康，促进经济和社会的可持续发展而制定的法律规范的总称。

早在工业革命以前，英国就于 1306 年颁布了关于禁止在议会开会期间使用燃煤取暖的法令，主要目的是减少议会开会期间煤烟等大气污染物的排放，保护议员的健康。工业革命以后，因工业生产大量使用燃煤而造成了局部的大气污染，导致一些地区公民的健康受到损害。为此，一些国家通过工业生产等经济立法，确立了防治大气污染的法律规范。如 1863 年英国制定了《碱业法》，1864 年美国制定了《煤烟法》。第二次世界大战以后，伴随经济的迅速增长，因大气污染导致的健康、财产损害日益加剧，一些国家开始制定综合性的大气污染防治法律，如日本 1968 年的《大气污染防治法》、美国1970年的《大气净化法》等。20世纪70年代后，国际社会还签订了一些保护大气环境的公约，如1985年的《保护臭氧层维也纳公约》、1979年的《远距离越境大气污染公约》、1992年的《联合国气候变化框架公约》等。

中国于1987年发布了《中华人民共和国大气污染防治法》（后于1995、2000、2015、2018年4次修订），其主要内容有：①确立了大气污染防治的行政管理体制，明确了各级人民政府在大气污染防治方面的主要职责，以及各行政主管部门在大气污染防治方面的职权范围与分工。②确立了实行大气环境标准制度以及大气环境质量标准、大气污染物排放标准的制定权限。③确立了大气污染防治的监督管理制度与措施，即执行环境污染防治的基本法律制度，针对大气污染物及其产生设施实行控制和大气污染总量控制制度，防治燃煤产生的大气污染以及防治废气、粉尘和恶臭等污染。④确立了大气污染防治法的法律责任，即行为违法所应当承担的行政责任、造成大气污染危害的民事责任以及构成重大大气污染事故犯罪所应当追究的刑事责任。

大气污染监测

按照国家或地方关于大气污染防治和保护大气环境质量的各种环境标准，对污染源排放情况和环境状况进行定性、定量的测定，并为科研、决策、立法、处理污染事故和环境监督管理提供依据。大气污染监测的常规项目主要包括气象参数和总悬浮颗粒物（TSP）、降尘、一氧化碳、二氧化硫、碳氢化物、氮氧化物、臭氧等。

污染物排入大气后，受排放方式、污染物性质、气象条件、地形条件等诸多因素的影响，其时空分布复杂多变。进行大气污染监测，需要了解大气污染物排放的类型、大小和分布，污染物的排放规律和性质，影响污染物迁移、扩散的环境条件（地形、地物等）及气象因素（风向、风速、大气湍流等），根据预定的目的正确选择监测点。大气污染物的采样方法有直接采样法和富集采样法等。

大气中常见污染物的成分复杂，测定方法也各异。①含硫化合物的测定。二氧化硫的测定用分光光度法、紫外荧光法，硫酸盐化速率的测定用碱片法，硫化氢的测定用亚甲基蓝分光光度法。②无机含氮化合物的测定。氧化氮用盐酸萘乙二胺分光光度法和化学发光法，氨的测定用纳氏试剂分光光度法或次氯酸钠－水杨酸分光光度法，光化学氧化剂和臭氧的分析方法有硼酸碘化钾分光光度法、化学发光法、紫外光度法。③无机含卤素化合物的测定。氟化物的测定用滤膜法或石灰滤纸法，氯的测定用甲基橙分光光度法，氯化氢的测定常用硫氰酸汞比色法和离子色谱法。④含碳化合物的测定。一氧化碳的测定有非分散红外吸收法、气相色谱法、定电位电解法、汞置换法，总烃及非甲烷烃的测定主要是气相色谱法。⑤颗粒物的测定。总悬浮颗粒物（TSP）、可吸入颗粒物（IP）、灰尘自然沉降量的测定均采用重量法。

大气污染监测还包括大气降水的监测，监测项目有电导率、pH 值、钾离子、钙离子、镁离子、铵离子、硫酸根离子、亚硝酸根离子、硝酸根离子、氯离子等。电导率的测定用铂黑或铂电极，pH 值的测定用电极法，硫酸根离子、亚硝酸根离子、硝酸根离子、氯离子的测定用离子色谱法，钾离子的测定用原子吸收分光光度法，钙离子、镁离子的测定用原子吸收法。

颗粒物

大气中的固体或液体颗粒状物质。它是大气中与气态污染物同时存在的污染物。有接近球形的液体微粒，有片状、柱状、针状、雪花状等的晶体微粒，也有形状各异的固体微粒。

颗粒物的大小是颗粒物的重要性质。对一个非球形的颗粒物粒子，如果它在气流中的运动性质和一个均匀的球形粒子完全相同，那么这个球形粒子的直径就是所研究的非球形粒子的动力学直径。动力学直径在100微米以下的颗粒物可以在大气中稳定存在，称为总悬浮颗粒（TSP）。如果粒径超过100微米，颗粒物就会因重力而很容易从大气中沉降去除。

颗粒物的化学组成十分复杂且变动很大。大致可分为有机组分和无机组分两类，也可分为水溶性组分和水不溶性组分。颗粒物中的有机组分在颗粒物重量中可能超过50%，包括烃类、多环芳烃、醇、酸、酯等。无机组分包括元素碳、金属元素、金属氧化物以及来源于地壳的一些组分，其中水溶性的组分主要是硫酸根、硝酸根、钙离子、镁离子、铵离子等。

颗粒物在环境中有多方面的效应。粒径在 0.1 ～ 1 微米的颗粒物，对可见光有很强的散射作用，是造成大气能见度下降的主要原因。此外，越是细小的颗粒物越能进入人体呼吸系统的深处，细颗粒携带大量的有害物质，可能对人体造成严重的健康影响。颗粒物的来源十分多样。直接来自各种污染源（工业、机动车、生物质燃烧等）排放的颗粒物称一次颗粒物；由直接排放的污染物经过大气化学过程转化生成的颗粒物称二次颗粒物。一次颗粒物和二次颗粒物的相对重要性因时间、地点的不同而有很大差异。

可吸入颗粒物

能进入人体的呼吸系统，动力学直径在 10 微米以下的颗粒物。美国环保局 1978 年引用密勒等所定的可进入呼吸道的粒径范围，把动力学直径 $D_p \leq 15$ 微米的颗粒物称为可吸入颗粒物。随着研究工作的深入，国际标准化组织（ISO）建议将可吸入颗粒物定义为粒径 $D_p \leq 10$ 微米的颗粒物。此标准已为日本和中国接受。因此，可吸入颗粒物一般指粒径 $D_p \leq 10$ 微米颗粒物（PM_{10}）的质量浓度。可吸入颗粒物是中国城市大气污染控制的关键污染物。

空气质量

大气环境对人类适宜的程度。影响空气质量的因素很多，如空气中污染物的浓度和存留的时间、污染源的排放强度、气象条件等，但主要决定于空气中污染物的种类和数量，即空气受污染的程度。衡量空气质量优劣的科学依据是空气质量基准与空气质量标准。

空气质量基准

空气中污染物对特定对象（人或其他生物）不产生有害

或不良影响的最大剂量（无作用剂量）或浓度。它是制定空气质量标准的科学依据，是根据人类对空气质量在美学的、医学的、生物的和物质的多方面要求，并通过实践研究、综合分析而确定的。

空气质量标准

国家为保护人群健康和生存环境，并考虑社会、经济、技术等因素，经过综合分析后，对空气中污染物的最大容许浓度所做的规定。它是衡量空气受污染程度的法定尺度。现今世界各国都制定了适合本国的大气环境质量标准，作为监测、评价和预测空气质量的依据。

空气质量指数

综合表示空气污染程度或空气质量等级的无量纲的相对数值称空气质量指数（AQI），其前身是空气污染指数

（API）。各种污染物在空气中的浓度不同，其危害的程度也有很大差异。因此，找出一种能统一体现它们这种特性，而又能定量地表示其影响大小的量值，用作评定空气质量的优劣，这就是污染指数提出的出发点。

20世纪60年代中期，有科学家提出了空气质量指数的概念和实际应用的方法，并迅速得到广泛采用。空气污染指数的应用与研究还在不断完善与发展中，其计算公式、运作方法、等级划分和评定空气质量的最终处理（取分指数平均值或最高值）虽然不同，但基本思想都是采用无量纲数值来表示污染指数。

北京市从1999年3月起，由空气质量周报改为空气质量日报，每日公布空气污染指数（API）及空气质量等级。选取二氧化硫、氮氧化物、臭氧、一氧化碳和可吸入颗粒物五种污染物为参数，利用污染物浓度与对应的API指数间的线性函数关系，通过内插求得其API指数。实际工作中可利用已经绘制好的污染物浓度与API指数的关系曲线图，直接查得相应的API指数。在求得不同污染物的API值后，取这五种污染物API指数的最大值，作为空气质量的API指数。目前，世界各国的空气质量指数都是根据各种污染物的浓度值换算出来的。其中，空气污染物的种类有很多，常见的有二氧化硫（SO_2）、二氧化氮（NO_2）、一氧化碳（CO）、臭氧（O_3）和悬浮颗粒物。根据世界卫生组织公布的《空气质量准则》，各国在制定标准的过程中，需要考虑当地条件的限制、能力和公共卫生的优先重点问题，并且以实现最低的颗粒物浓度为目标。在中国，为规范环境空气质量日报和实时报工作，生态环境部于 2012 年 2 月 29 日发布《环境空气质量指数（AQI）技术规定（试行）》，于 2016 年 1 月 1 日起实施该标准，开始使用空气质量指数取代空气污染指数来描述空气质量状况，并规定了环境空气质量指数日报和实时报工作的要求和程序。目前，中国生态环境部在其官方网站上公布全国城市空气质量的实时数据。

空气质量指数的分级数值及相应的污染物浓度限值一般根据各项污染物的生态环境效应及其对人体健康的影响来划定。根据中国颁布的《环境空气质量指数（AQI）技术规定（试行）》，空气质量指数划分为 0 ~ 50、51 ~ 100、101 ~ 150、151 ~ 200、201 ~ 300 和大于 300 六档，对应于空气质量的六个级别。指数越大，级别越高，说明污染越严重。

冷岛

城区由于大气污染，形成浓厚的烟雾层，使得到达地面的净辐射通量减少，从而使地面的加热相对于大气洁净的乡村地面少，减少的净辐射通量加热了污染大气上部，使高层大气升温，造成污染大气层结为逆温层结或中性层结。

此时城区大气相对于乡村的洁净大气而言，地面附近温度低，较高层大气温度高，这种作用与热岛相反，故又称反热岛效应或阳伞效应。冷岛效应多发生在冬季煤烟型污染的大中城市。

全球变暖

地球表面平均温度和地表平均气温的升高。全球变暖是就地球环境总体而言的，并不是说全球任何区域都会变暖或每个季节都会变暖。在全球变暖过程中，有些地区的增温幅度可能大些，有些地区可能小些，有些地区可能不变甚至降温。增温还有季节特征，一般而言，冬季增温大，夏季增温小；增温也有区域特征，北方增温大，南方增温小。

全球变暖由两种辐射能的失衡造成，这种失衡是人类干扰的结果。到达大气的太阳辐射约为 1377 瓦 / 米^2，但由于地球表面只有很小一部分直接面向太阳，且总有 1/2 的时间（夜晚）背向太阳，因此到达大气外界每平方米面积的能量仅为 343 瓦。当辐射通过大气时，大约 6% 被大气分子散射返回空间，还有约 10% 由陆地和海洋表面反射到空间，剩下的 84% 保留下来用来加热地表。为平衡这些入射辐射，地球本身必须以热辐射的形式向太空发射同样的能量。地表发射的辐射量取决于它的温度。理论上，地表温度为 -6℃ 即可平衡上述辐射量，但实际上，整个地球表层（海表和陆表）平均温度为 15℃。这是因为大气的组成主要是氮气和氧气，它们既不吸收也不发射热辐射，而在大气中占很小比例的水汽、二氧化碳和其他一些微量气体却具有吸收地表发射的热辐射的能力，对这种热辐射起一部分遮挡作用，从而弥补上述 21℃ 温差。这个遮挡被称为自然温室效应，具有这种功能的气体被称作温室气体。

温室气体中最重要的是水汽，但它在大气中的含量不直接随人类活动而变化，直接受人类活动影响的主要温室气体是二氧化碳等。要了解未来的气候，除了需要了解温室气体的起源、在大气中的含量及作用外，还需要了解过去的气候及其自然振动，以便为将来在使用计算机模式预测气候变化中提供背景知识。

为预报未来气候的变暖，首先需要对有关温室气体未来变化有个估计，以得到全球平均温度的预报。假设对二氧化碳的排放不加任何强有力的控制，从现在到 21 世纪末，全球温度上升的最佳估计值是 2.5℃，或大约每 10 年升高 0.25℃ 的上升率。与冰期和冰期间温暖时段之间发生的 5℃ 或 6℃ 的全球平均温差相比，2.5℃ 大约相当于半个冰期的温度变化值。

大约到 2030 年，当大气中的二氧化碳含量达到工业化前的 2 倍时，温度增高的最佳估计值比现在增高 1℃，比在稳定条件下二氧化碳加倍量所预期的 2.5℃要小。这是由于受到海洋对温度上升的减慢作用的影响。但这意味着在照常排放的构想下，到 2030 年，很可能出现比工业化前时代升高 2.5℃的状况。

预报的全球平均温度的变化率为每 10 年 0.15～0.35℃，其最佳估计值是每 10 年 0.25℃，这比从古代气候资料判断得出的过去几千年的变化率要大得多。生态系统适应气候变化的能力严格地决定于变化的速率，而对很多生态系统而言，每 10 年 0.25℃是一个很快的变化速度。

除温度、降水及其他一些气候要素的预测之外，影响全球变暖最大的可能是气候极端事件——干旱、洪涝及风暴的频率、强度和发生地点的变化。

气候变暖对人类社会可能带来的影响可归纳为以下几点：

①由于人类活动，环境正以许多方式发生退化，而全球变暖将加速这些退化。对于因地下水的抽取以及维持陆地高度所需沉积物的减少而引起下沉的低洼国家而言，海平面升高将使情况变得更糟。随着某些地区洪涝的增加，由土地过度利用或森林滥伐造成的土壤流失将加剧。在其他地方，大范围的森林砍伐将引起更干旱的气候和难以维持的农业。

②全球变暖将引起许多地方温度和降水的变化，我们必须适应这些变化产生的影响。在许多情形下，这将涉及基础

设施的变化，如新的海洋防御设施或水供给系统。气候变化的许多影响都将是不利的，即使在长时期内这些变化能转变成有利的影响，但在短期内的适应过程仍具有负面影响，且需要费用。

③最重要的是对水分供给的影响，在许多地方，无论如何水分供给也将变得越来越关键。估计全球相当一部分地区降水将减少，尤其在夏季。在这些地区，降水减少和人类对水的需求量增加的综合结果是径流减少，干旱的可能性将更大。在其他地区，如东南亚季风区，预计将发生更多的洪涝。

④通过对作物和农业措施的改良，即使气候发生变化，全球粮食供给总量也能保持不变。但发达国家和发展中国家之间粮食供给的不均衡将变得更大。

⑤气候变化的可能速率，将对自然生态系统，尤其是在中、高纬度地区的生态系统，产生严重影响，特别是森林受到的影响会更大。在一个变暖的地球上，时间越长，越容易影响到人类的健康。如某些热带疾病（如疟疾）可向更高的纬度传播。

以上各类影响在全球各地会很不一致。

全球变暖是一个复杂的问题，对未来气候变化的预测、对可能产生的影响的科学描述，以及人类应采取的对策都存在着不确定性。人类在行动前尚需权衡行动所需付出的代价与不确定性之间的利弊。

酸沉降

酸性污染物通过降水、干沉降或其他方式（如雪、雾等）达到地表。引起环境效应往往是干、湿沉降综合作用的结果。但主要形式是酸性降雨，故习惯上将酸沉降统称为酸雨。

纯净的雨雪降落时，空气中的二氧化碳溶入其中形成碳酸，具有弱酸性。空气中的二氧化碳浓度一般在330ppm左右，这时降水的pH值为5.6。在清洁空气中还存在如二氧化硫、有机酸等，背景地区的降水pH值一般为5.0。如果降水pH值降至5.0以下，认为降水呈酸性，这一地区的降水受到人类活动的影响。

实际上，判断是否存在酸沉降，不能只采用pH值一个指标。大气降水的酸度与降水中酸性和碱性物质的性质及相对比例有关。降水的酸度可用降水中主要阴、阳离子的平衡来表示：

$$[SO_4^{2-}] + [NO_3^-] + [Cl^-] + [HCO_3^-] =$$
$$[Ca^{2+}] + [NH_4^+] + [Na^+] + [K^+] + [Mg^{2+}] + [H^+]$$

如果降水中表示酸的硫酸根离子（SO_4^{2-}）和硝酸根离子（NO_3^-）的浓度较高，降水中代表碱性物质的几种主要阳离子浓度也较高，降水就不会有很高的酸度，甚至可能呈碱性，如中国北方碱性土壤地区或大气中颗粒物浓度高时常出现这种情况；反之，即使大气中二氧化硫和氮氧化物浓度不高，但碱性物质相对更少，降水仍会有较高的酸度。

概述

酸雨是人类面临的最严重的环境问题之一。20世纪50年代以前，世界上降水的pH值一般大于5.0，少数工业区曾降酸雨。60年代起，随着矿物燃料消耗的增多，空气状况急剧恶化，越来越多地区降水的pH值降到5.0以下，形成欧洲、北美和东亚三大酸雨区，对生态系统造成严重伤害。

中国对酸雨的研究始于20世纪80年代初。中国约1/3的国土受到酸雨污染，西南、华南、华中和东南沿海等地是酸雨重污染区，是继欧洲和北美之后的世界第三大酸雨区，且降雨的酸度和降酸雨的面积在增加。在此基础上，国家划定了酸雨控制区，并于1998年编制了酸雨控制国家方案，1999年制定了酸雨控制区和二氧化硫控制区规划。

成因

酸雨形成是一个十分复杂的过程，涉及大气中的氧化剂、酸性物质和碱性物质，包括污染源的排放、大气输送和转化以及大气沉降等过程。从天然源和人为源排放出的硫氧化物、氮氧化物和挥发性碳氢化物在大气输送过程中和太阳光的照射下，发生复杂的化学反应，物种的存在形式不断从低氧化态转化为高氧化态，大气的氧化性逐渐增强，硫氧化物转化为硫酸，氮氧化物转化为硝酸，挥发性碳氢化物转化为有机酸，从而导致酸性降水。

根据酸性物质形成的途径和降水的形式，可将酸雨的成因分为云中致酸和云下致酸。云中致酸指在云的形成过程中大气污染物（酸性物质和氧化剂）进入云水，并在云水中不断反应生成酸性物质从而使云水酸化；云下致酸则指雨水离开云基后冲刷近地层大气，吸附大气污染物，并在雨滴内不断反应生成酸性物质而使雨水酸化。与此同时，大气中存在的碱性物质（碱性气体和碱性颗粒物）也会进入降水，对降水的酸性起一定的中和作用。

危害

主要表现在：①对土壤的危害。在酸沉降的情况下，土壤中的钙、镁、钾和钠等营养元素被淋溶，导致土壤日益酸化、贫瘠化。酸化的土壤影响微生物的活性，进而抑制土壤中有机物的分解和氮的固定。②对水生生态的危害。酸雨可使湖泊、河流等地表水酸化，污染饮用水源。水质变酸还会引起水生生态结构上的变化，鱼类会减少甚至绝迹。③对植物的危害。受到酸雨侵蚀的叶子，叶绿素含量降低，光合作用受阻，致使农作物产量降低，森林生长速度降低。④对材料和文物古迹的危害。酸雨加速许多用于建筑结构、桥梁、水坝、工业装备、供水管网及通信电缆等的材料的腐蚀，还能严重损害文物古迹、历史建筑以及其他重要文化设施。

农业气象灾害

不利气象条件给农业造成损失的自然灾害。由于天气、气候反常，如雨量过多或过少，雨季到来过早或过迟，温度过高或过低，霜冻到来过早或结束过迟，风力过大，空气湿度过低等给农业生产造成不同程度的损害：农作物、家畜受伤或死亡，产量降低乃至绝产，品质变劣甚至失去经济价值，延误农业生产正常进行、缩短农业生产季节，破坏农田和农业设施。农业气象灾害如大范围、持续发生还会导致农村经济破产。

类型

按农业气象灾害起因可分为单因子和综合因子两类。单因子的有：由温度引起的冻害、霜冻害、冷害、寒害、热害、日灼等；由水分引起的旱害、洪涝害、湿害、雪害、雹害等；由风引起的风害、风蚀等。由多种气象因子综合引起的有干热风、暴风雪、冷雨、冻涝害等。具体农业气象灾害还可根据其发生、为害季节划分为春霜冻、秋霜冻、春旱、夏旱、伏旱、秋旱、春夏连旱等类型。按农业气象灾害发生强度可分为强、中、弱；按农业受灾程度可分为重、中、轻；按受灾范围可分为特大、大、中、小。有些农业气象灾害还可以进一步划分为若干型，如干热风就有高温低湿型和雨后青枯型；小麦冻害分为初冬温度骤降型、冬季长寒型和初春融冻型。

危害

农业气象灾害是对农业为害最大的自然灾害，其中旱、涝灾害尤为突出。例如，1971 年日本北海道因冷害，水稻收成指数仅为平年的 66％。1972 ～ 1974 年非洲撒哈拉以南地区及大洋洲、美洲等地发生严重旱害，从而造成世界粮食紧张，并危及了世界畜牧业。全球每年因旱涝灾害给农业造成的直接经济损失占所有自然灾害给农业造成直接经济损失的55%以上。中国自古以来农业气象灾害也发生频繁。公元前16～前11世纪商代就有了旱害的记载。

发生、为害规律

农业气象灾害的时间、空间分布十分复杂，但仍有规律可循。相对高温和相对低温时期，多雨和少雨时期往往交替出现。低温时期，冷害、冻害等发生比较频繁；多雨时期洪涝灾害、湿害发生较多；少雨时期则旱害发生频率较高。农业气象灾害的地理分布：北半球多于南半球，低纬度多于高纬度，大陆性气候区多于海洋性气候区，温带多于寒带和热带。不同地区农业气象灾害类型不同。北半球异常低温比异常高温发生次数多1.4倍，异常多雨与异常少雨差异不大。半干旱地带以旱害为主，中纬度地带旱、涝、低温、冻害都比较严重。孟加拉国、印度、巴基斯坦是受涝害最多的国家，中东、北非以及中国西部、美国西部、墨西哥北部等旱害也较为严重。俄罗斯主要是旱害、旱风和越冬作物冻害。加拿大主要是霜冻、冻害和旱害。欧洲发生低温灾害较多。日本北部主要是冷害，南部主要是风害和洪涝灾害。中国农业气象灾害分布的一般规律是东部多于西部；亚热带与温带的过渡带、湿润地区与半湿润地区分界处旱、涝灾害多；农牧过渡带受季风强弱与进退的影响大，农业气象灾害频繁；旱害有从东南沿海向西北内陆加重的趋势，华北地区春旱最重，湖南、湖北、江西和浙江西部伏旱发生最为频繁；东部和南部地区涝害发生次数较多；冷害以东北地区最为严重；冬小麦种植区的北界附近越冬冻害发生比较严重，向南逐渐减轻；冰雹多发生在山区和山前平原地区。由于中国地理和大气环流原因，使得一些地区出现严重干旱的同时，而另一些地区会发生洪涝灾害。还有同一地区，在一年中发生春夏持续旱害后，接着又发生严重的洪涝害。有些农业气象灾害的发生是大面积的，有些只在局部地区小范围发生。由此看出农业气象灾害发生具有明显的地域性和季节性。

综合防御措施

①针对当地主要农业气象灾害，加强农田基本建设是防灾抗灾的根本措施。在以旱、涝为主的地区，完善农田灌排体系，修建集雨场，蓄水塘、窖，做到旱可灌、涝可排可蓄；平整土地，修建梯田、水平沟，实行等高种植可有效地蓄雨纳墒，减少农田径流、冲刷；在多风害、风雪害地区，营造防风林、农田防护林可削弱风害，改善农田环境。②建立适于当地资源环境的农业生态系统，使种植业、林果业、畜牧业有一合理的结构，相互促进，全面发展，强化系统的抗灾

能力。灾害性天气对农、林、牧业的影响不同，这种多元结构即使某些方面受灾，也可从系统内其他方面得到弥补，保持农村经济的稳定性。③农业合理布局，躲避农业气象灾害为害。农业气象灾害的为害与地形、地势关系密切。岗地易受旱害，洼地易遭涝害、霜冻，迎风坡、山口处易受风害、冻害。针对当地农业气象灾害的分布特点，进行合理布局，在高寒岗地种植生育期短、抗旱抗寒作物，发展牧草、灌木；在低洼地种植耐涝喜湿作物，发展淡水养殖；喜温作物选择背风向阳、冷空气难进易出地形种植可以有效防御低温灾害。④开发利用抗灾防灾实用技术防御农业气象灾害。主要有：培育、选用抗逆性强的作物品种；设计和推广抗风、防寒、通风性能好的温室、塑料大棚、畜禽舍等农业保护性设施；开发利用抗旱剂、抗寒剂、防霜剂、防雹火箭等人工防灾技术。⑤加强农业气象灾害的监测和预报，及时发布农业气象灾害信息，变被动防灾为主动防灾。进一步应用电子计算机和卫星遥感技术，不断提高农业气象灾害预报水平，改善防灾的信息服务。

森林气象灾害

对林木生长发育造成危害的天气。包括低温、高温、干旱、洪涝、雪害、风害、雨凇、雹害及大气污染等。当气象因子超过林木所能适应的最高或最低极限时，则生长发育受到抑制、损伤，甚至死亡。

低温害

①霜冻。林木因骤降至0℃以下低温，丧失生理活力而受害或死亡。晚秋的早霜冻对生长尚未结束的树木为害较重；初春树木刚开始萌动，易受晚霜冻害。白蜡树、水青冈、刺槐对霜冻比较敏感。山杨、桦树等对霜冻抵抗力较强。②寒害。0℃以上的低温对热带林木生长发育造成的危害。如橡胶树、轻木等在温度低于5℃时即可出现寒害。③冻拔。因土层结冰抬起树木根部致害。危害对象多是苗木和幼林。④冻裂。

温度骤降时树干表皮比内部收缩快而造成。树的向阳面以及林缘木、孤立木冻裂现象较重。⑤生理干旱。土壤结冻，树木因根系不能吸收土壤水分而导致失水干枯甚至死亡，对幼林的为害大。

高温害

外界温度高于树木所能忍受的高温极限时，可引起生理功能失调，最终导致死亡。①皮烧。主要发生于树皮光滑的成年树如冷杉、云杉。林木向阳面较易发生，受害后树皮局部死亡。②根茎灼烧。因土壤表面温度过高，灼烧幼苗根茎的危害。盛夏中午地表温度达40℃以上，幼苗于土表下2毫米至土表上2～3毫米间皮层受害。

干旱

土壤含水量严重不足对树木造成的危害。可导致生长减缓，甚至干枯死亡。枫杨、水杉等耐旱能力较差的树种易受害。而松树、侧柏、骆驼刺、木麻黄即使在土壤很干旱的情况下也能生长。

洪涝

因降水或其他原因造成土壤及地表水过剩而引起的灾害。树木长期处于淹水状态可窒息死亡。

雪害

因树冠积雪过重造成雪压、雪折危害。湿雪甚于干雪，针叶树甚于落叶阔叶树，人工林甚于天然林，单层林甚于复层林。

风害

风对树木造成的危害，如风倒、风折。浅根树易发生风倒。森林的抗风力取决于林分密度和林况：密林中的树木抗风力弱，采伐后新露出的林缘木易风倒。

雨凇

指过冷却雨滴在温度低于0℃时的树枝上结成的冰层，多形成于树木的迎风面。由于冰层不断加厚，常压断树枝，对林木造成严重破坏。

雹害

冰雹常给林木枝叶、干皮等造成伤害，尤其对苗圃、种子园为害严重。

气象污染危害

大气中的污染物质超过树木的自净能力和忍耐程度时，对树木造成的危害。污染物浓度越大，时间越长，为害越重。